因读而悦

昆虫是地球上数量最多的动物群体，

它们的踪迹几乎遍布在世界的每一个角落。

因此，在我们身边，

昆虫也无处不在。

熊田千佳慕先生曾说：“我是一只虫。”

或许我们每个人都是地球上的一只“大虫”。

神奇的袖珍工笔画和诗意文章

均来自对昆虫的刻苦钻研

对熊田千佳慕而言，绘制《法布尔昆虫记》中的昆虫是其毕生事业。

多年来，熊田千佳慕一直期盼画作能够结集出版。一九七一年，熊田千佳慕六十岁时，终于由世界文化社出版了其期待已久的绘本《法布尔昆虫记》。

一九九八年，小学馆开始出版原画尺寸大小的绘本《法布尔昆虫记的昆虫》，现已出齐五卷。本书从中选取部分画作以及说明文字介绍给大家。

丁香花会和金色花潜金龟

今天是丁香花会。

丁香花殿堂内，

无数昆虫清晨就已光临。

可怕的胡蜂神情愉快，

双纹长脚蜂、花潜金龟，

还有蜜蜂，

都在吸食香甜的花蜜。

黑蜂蛾，

姗姗来迟。

围绕雌蛾的雄蛾

从窗户飞进来，

雄性大孔雀蛾，

它们漫天飞舞，

飞向关在桌上笼子里的雌蛾，还有灯光。

法布尔老师，

看着这一切，

想到一个名词——

“大孔雀蛾夜宴”。

KUMACHINA

罗兰蓟花餐厅

夏日阳光下的草原，

盛开着罗兰蓟花。

八月的天空飞舞着——

年轻的黄翅穴蜂。

它们一直穿行在罗兰蓟花丛中，

吸食香甜的花蜜，

忘记了时间。

多么愉快的时光！

伏击

普罗旺斯的草原，

卡尔达斯蓟花，

沉甸甸地下垂。

开着花，

花上，

薄翅螳螂，

焦急地等待着——

猎物飞来。

蜜蜂恰巧飞来。

哎呀，

到底结局如何？

KUMAGHIKA.

用尽全身力气

幼虫来到地面，

四处徘徊。

它们马上将爬上麝香草的细枝。

如果脚下稳当，

就用中足与后足稍事休息。

前足的钩爪牢牢地刺入树皮，

不用担心掉下来。

接下来，开始蜕皮！

后背正中开裂，

浅白绿色的身体露了出来。

多么赏心悦目！

梨形粪球摇篮

粪金龟在喜欢的地方挖洞，

把粪球搬进洞里吃掉。

它一开吃，

屁股里就有黑线般的粪便排泄出来。

十二个小时后，

粪球吃完，

黑色粪线也停止排泄。

粪线和雌粪金龟身体重量相等。

季节来临，

雌粪金龟开始制作洋梨形状的粪球，

为产卵做准备。

虫卵产在——粪球凹陷的颈部。

KOMACHIKA

红菖蒲和南京菖蒲

菖蒲象鼻虫最喜欢小河旁的湿地。

这里除了黄菖蒲之外，

还有许多南京菖蒲。

还有红菖蒲，

它们的形状细长，

花也非常美丽。

南京菖蒲和红菖蒲同属菖蒲。

菖蒲象鼻虫喜欢这些花，

经常光顾。

天敌

在潮湿地带，

遭遇最可怕的天敌——中华蟾蜍。

看上一眼，就没法动弹了。

一动，

就会被一口吞掉。

我在绘制这幅画的时候，

觉得步行虫实在可怜，

我于是画上一只蜜蜂，

引开蟾蜍的目光。

利用这一瞬间，

想救步行虫一命。

而此时，

我发现：

“啊啊，我也是一只虫。”

熊 千 佳 昆 虫 记

熊千佳

昆虫记

[日]熊田千佳慕/著　张勇/译

青岛出版社
QINGDAO PUBLISHING HOUSE

“我就是虫，虫就是我。”

二〇〇九年八月，九十八岁的日本工笔画大师熊田千佳慕走完了自己的一生。上面那句话就是熊田大师七十岁的时候对自己人生的感悟。从那之后，熊田大师更加坚定了自己的奋斗目标和使命。熊田大师面目和善，对创作的态度也异常认真，工作一丝不苟。他的袖珍工笔画让人叹为观止。据说，他用来作画的笔尖只有三根毛，完成一张画作往往耗时数月。熊田大师苦心孤诣、精心绘制的作品，全部是为了少年儿童，目的是向他们传达生命的伟大。

熊田大师年幼时体弱多病，只能在自家周围观察昆虫和花草打发时间。他的父亲是留洋回来的，在其藏书中就有 J · H · 法布尔的《昆虫记》（原书共十册）。熊田大师的哥哥精通法语，他就让哥哥给自己读《昆虫记》，由此开始领略昆虫世界的神奇魅力。

熊田大师后来走上了绘本画家的人生道路，并一直以法布尔作为自己的人生导师。法布尔常年生活贫困，却依然坚持研究。熊田大师也曾因画笔迟缓而陷入困顿，但他不屈不挠，始终将绘制《法布尔昆虫记》作为自己的毕生事业，坚持不懈地进行创作。熊田大师埋头钻研学习，希望有朝一日画作能够结集出版。

本书的内容源自熊田大师的《绘本法布尔昆虫记学习笔记》。熊田大师用练习册做笔记，从自己收藏的青少年版《法布尔昆虫记》一书中摘录出每种昆虫的特征和生活形态，用于绘画创作。

熊田大师还在学习笔记中绘制了昆虫和生态图的草图，并在“计划场景”中构思了自己打算创作的画面。从学习笔记中可以看出，熊田大师求知欲旺盛，态度认真，做事严谨，一旦目标确定，必定坚持到底，直至完成。

熊田大师曾经说，他要画一百张《法布尔昆虫记》中的昆虫。熊田大师不急于求成，扎扎实实地完成每一天的工作。虽然一百张画的目标没有实现，但我们却由此可以了解大师的创作梦想。

许多人亲切地称呼熊田千佳慕为“熊千佳”。这本《熊千佳昆虫记》记录了画家鲜为人知的创作过程。熊田大师曾经讲过：“只要去爱，任何生命都是美的。”我们希望这本书能带给大家新的启示，引导大家了解昆虫。

熊田大师的学习笔记主要参引了青少年版《法布尔昆虫记》。在此，我们谨向促成学习笔记出版发行的各位支持者由衷地表示感谢。

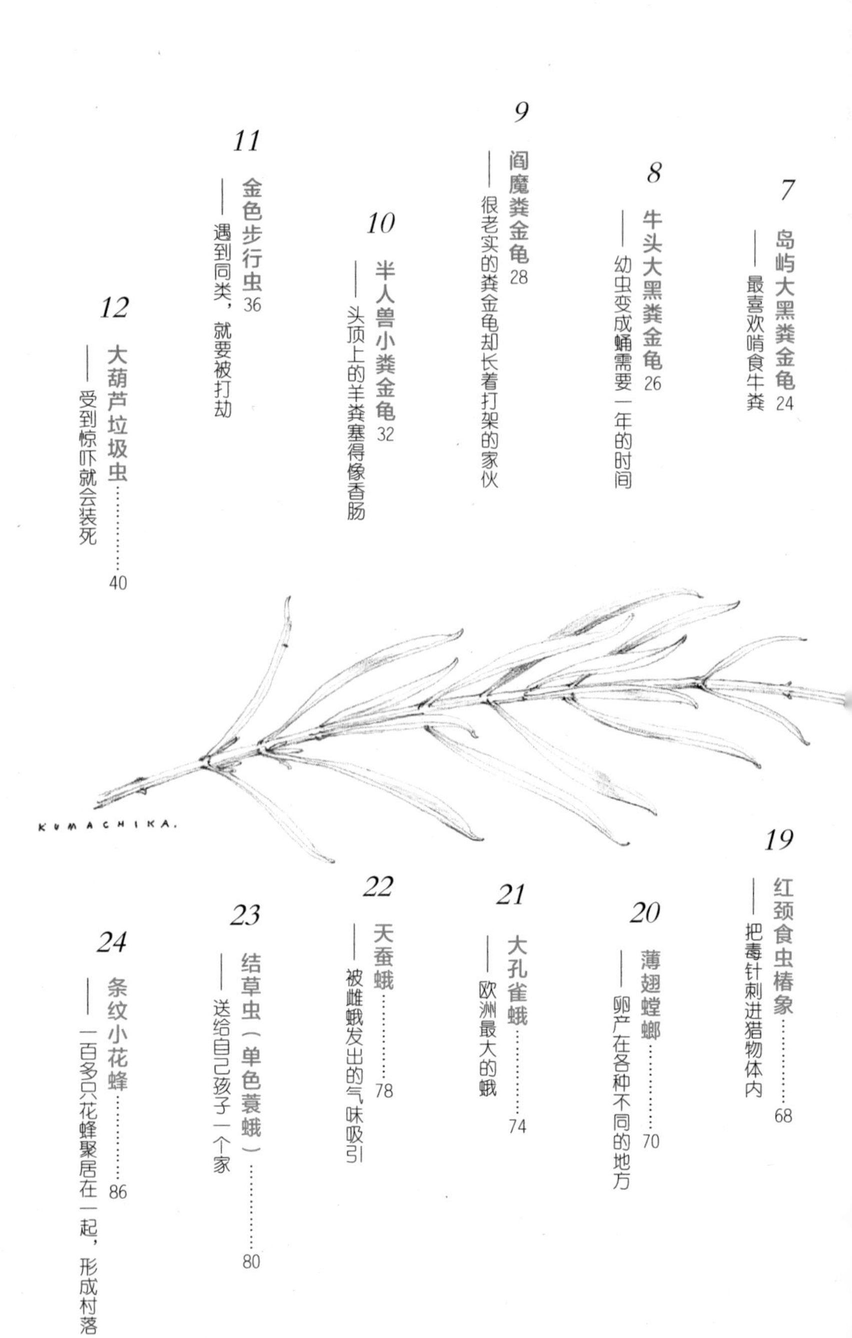

KUMACHIKA.

目录

目录

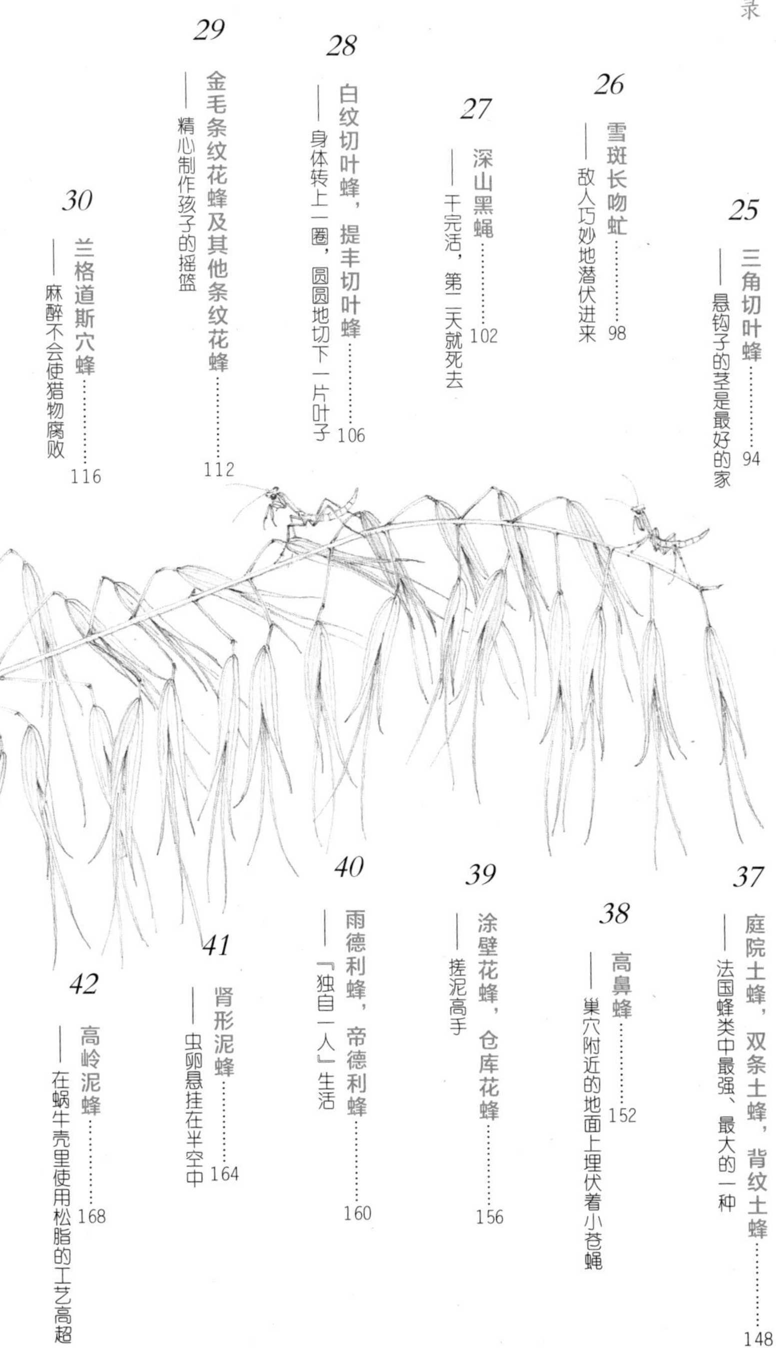

目录

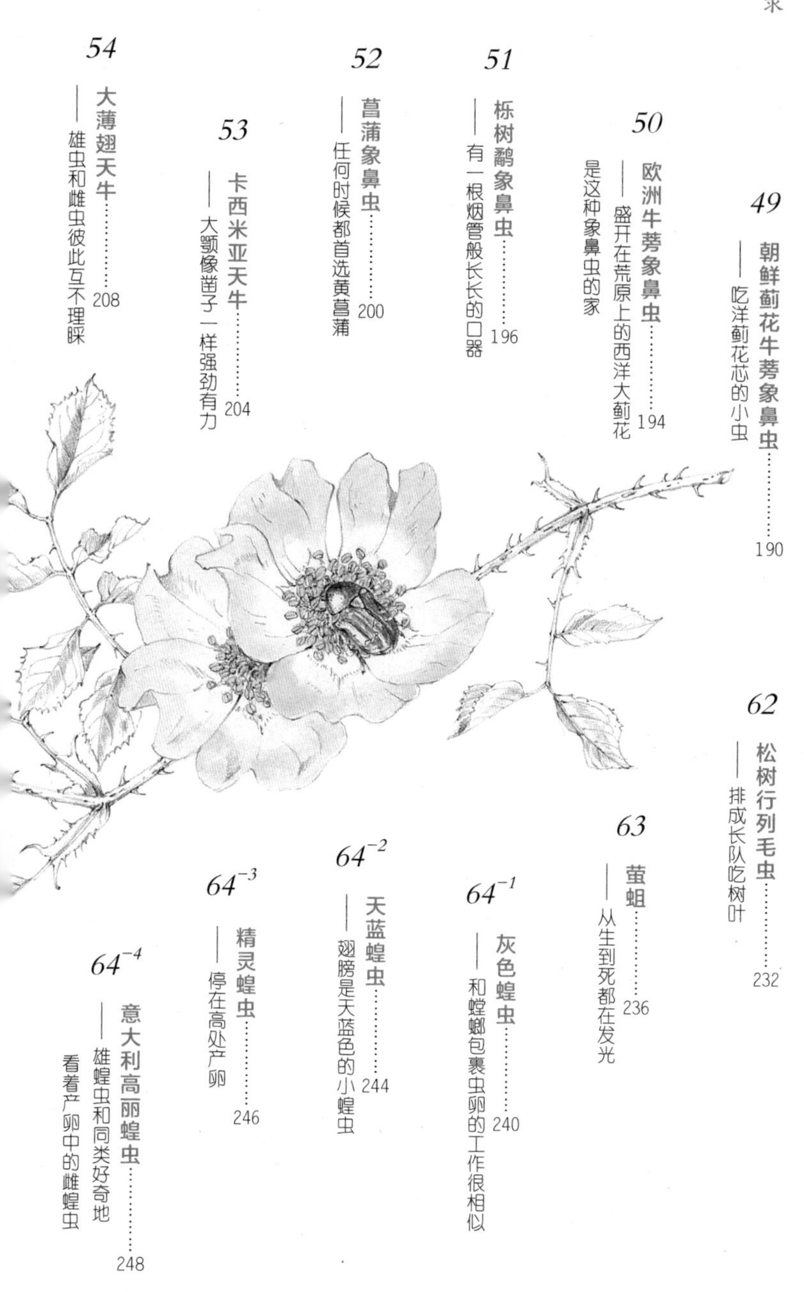

凡例

- 熊田千佳慕为准备绘画创作，依据日文译本青少年版《法布尔昆虫记》（中村浩译，茜草书房，一九五八年）和青少年版《法布尔昆虫记》（古川晴男译，偕成社，一九六八年）整理出《绘本法布尔昆虫记》的学习笔记。本书根据该学习笔记整理编辑而成。

- 学习笔记中有些内容不适于放在正文中，本书均统一放在页脚。

- 有些昆虫的名字和体长的标示方式，现在已经非常罕见，本书仍然保留学习笔记原文。同时，本书参考《法布尔昆虫记》原书的最新日文全译本《法布尔昆虫记》第一卷～第八卷上（奥本大三郎译，集英社，二〇〇五年～二〇一〇年），补充了“别称”。

- 本书采用的部分绘画作品均见于学习笔记的“计划场景”，并且都是最终完成的作品。

- 基于当今的人权意识，学习笔记中的某些词语表述恐欠妥当。鉴于作者去世以及时代背景差异，本书均保留原貌。

熊千佳昆虫记

1

【屎壳郎】神圣粪金龟（通称：圣甲虫）

——粪线一圈圈垒起

※ 法布尔实际观察的是『提丰粪金龟』，却将其误认为是『神圣粪金龟』。

（提丰粪金龟／Scarabaeus typhon）

【鞘翅目（甲虫类）金龟子科粪金龟属／体长20～28mm】

★别称：神圣推丸粪金龟。

神圣粪金龟是法国屎壳郎中体型最大的一种。

神圣粪金龟吃一顿饭的时间超过十二个小时，吃的东西会马上被消化。排出的粪便如同黑线，一圈圈垒起，像座小山包。这种黑色粪线一分钟左右（五十四秒）向外排泄大约四毫米，十二个小时就是二点八八米。粪便体积和粪金龟的体积相当。

西洋梨形状的粪球

粪金龟制作粪球的材料有马粪、羊粪、骡粪等。粪球呈浅褐色。母粪金龟为自己做的粪球面包一般用骡粪或马粪等材料。这种粪球面包非常粗糙，里面混有许多饲马草碎屑。但是，母粪金龟为自己孩子做的梨形粪球用的则是羊粪。

将梨形粪球横着水平放置，大的梨形粪球长约四点五厘米，宽约三点五厘米；小的长约三点五厘米，宽约二点八厘米。梨形粪球表面没有光泽，非常圆滑。虽然刚做好的梨形粪球像粘土一样，非常柔软，但是干了之后就会变硬实，比木头还硬。

神圣粪金龟制作梨形粪球时，首先从羊粪堆里挑选材料，将它们滚成圆球。然后，把粪球搬运到合适的地方，例如石子少、易挖掘的地面，在那里挖洞。如果粪堆旁有合

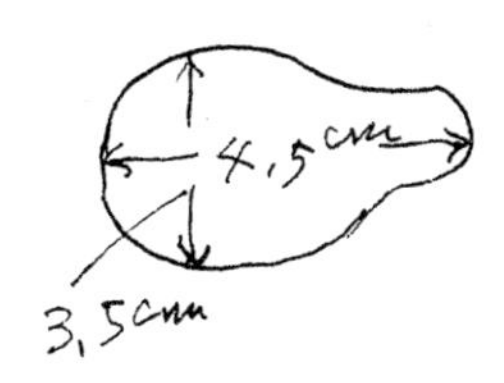

★西洋梨形状的粪球。

适的地方，神圣粪金龟会马上就地挖洞，把材料搬进去。

巢穴

神圣粪金龟挖出来的土在巢穴外堆成小山，很像土拨鼠洞外的土丘。巢穴不深，大约十厘米。里面有一条横向的隧道，或直行或弯曲。隧道尽头有一间拳头大小的房间，粪球就在这里。虫卵的家在梨形粪球的颈部。颈部有一处小坑，小坑四壁打磨得非常光洁（育婴房）。虫卵与坑壁之间的间隙很小。虫卵只有在顶部才和坑壁有一点接触。虫卵形状细长，呈椭圆形，白色，长一厘米，宽零点五厘米。虫卵位于几厘米深的地下（梨形粪球中），太阳照射地面产生热量，虫卵受热孵化成幼虫。最合适的孵卵时间是六月和七月。巢穴很宽敞，母粪金龟可以在里面自由活动身体，制作梨形粪球。

虫卵

1cm

5mm

★梨形粪球的育婴房位于地下约十厘米处。

★七月是筑巢旺季。

最新研究

像金龟子一类的昆虫，它们产在土中或粪球中的卵最初很小，但是吸收水分之后会逐渐变大。在孵化成幼虫之前，虫卵已经比起先大许多。由此可见，法布尔观察到的虫卵已经生出来很长时间了（最初很小）。

上：粪球制作高手

下：与粪球劫匪搏斗

左：梨形粪球摇篮
右：出发前往地面

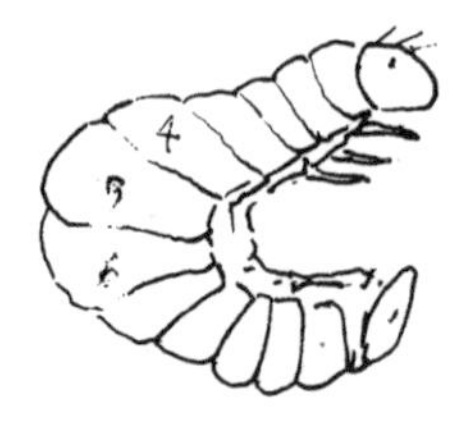

幼虫形态

幼虫形态

幼虫胖嘟嘟的，体色白净，肌肤细腻，从外面可以看到体内的消化器官。幼虫身体呈“C”字型，弯曲成钩状，和日本鳃角金龟子的幼虫有点儿相似。幼虫背部的第三、第四、第五关节处隆起一个大大的袋状物。头部呈浅褐色，上面倒长着稀疏的短毛。幼虫的腿长而有力。

蛹

蛹的前足弯曲在头下方。身体呈黄色，犹如半透明的蜜蜂，跟琥珀一样。还看不到前足的爪尖部分。

刚刚变为成虫的时候

成虫的头、胸、爪呈深红色。头部的坚甲和前足的锯齿是黑褐色。腹部是白色，鞘翅是略带透明的白色，掺杂些许黄色。过不了多久，这些部位都会变得跟黑炭一样黑。成虫的身体完全变硬需要一个月的时间。

成虫从粪球中钻出来需要潮湿的环境，时间在秋天的九月。下雨的时候，成虫爬到地面，首先晒太阳，然后向粪堆进发。

插画计划场景：

- 山羊粪堆，制作粪球，推粪球的粪金龟
- 粪球劫匪
- 在巢穴中制作梨形粪球
- 幼虫在粪球中的生活
- 成虫的诞生（地下断面图）

2 【屎壳郎】小粪金龟

——日暮降临，飞出去寻找新鲜粪堆

※（条纹小粪金龟，黑小粪金龟 / Geotrupes spiniger, Geotrupes niger）

【鞘翅目（甲虫类）金龟子科金龟子属 / 体长 12 ~ 23mm，16 ~ 25mm】

★粪金龟卵窝的做法：不深，只有三十厘米左右。

条纹小粪金龟背部全黑，腹部是紫色。黑小粪金龟的腹部是美丽的红色。它们的长相和日本小粪金龟很相似，只是头部宽大，鞘翅短小，鞘翅上的条纹颜色更深。它们的生活习性和日本小粪金龟完全相同。小粪金龟只在日暮之后外出飞行。只要没有风，气温不太低，它就会飞出巢穴，去寻找新鲜粪堆。

法国南部十月至十一月经常下雨。此时，成虫开始修筑幼虫的家。如果是易于挖掘的沙地，巢穴深度可达一米（有的更深）。

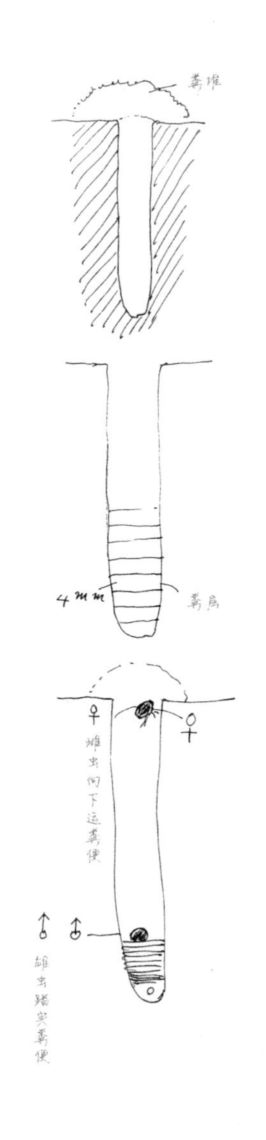

巢穴

小粪金龟的巢穴一般挖在粪堆下面。巢穴入口和普通瓶口差不多大。如果挖洞的地方全是土，巢穴就会挖得很直。如果遇到石块或树根，小粪金龟就会绕过去挖。巢穴的形状不固定。（巢穴塞满粪便，如同粪肠）粪肠最底端是虫卵的窝。其实，那也谈不上窝，只有榛子果实般大小的一个地方。虫卵的窝内壁很薄，内壁表面呈绿色（粪便渗入其中）。虫卵就安放在窝里。虫卵较大，白色，像被拉伸过一样，呈椭圆形。条纹小粪金龟的卵长七至八毫米，黑小粪金龟的卵要小一点儿。

★巢穴长度：条纹小粪金龟——长二十厘米，直径四厘米。黑小粪金龟——较小。巢穴填充材料是马粪、骡粪、羊粪。

幼虫

十月初至中旬，虫卵开始孵化。幼虫孵

出来时，身体是对折的，背部没有神圣粪金龟那样的袋状物。幼虫在巢穴内爬上爬下，啃食粪便。五六个星期过后，严寒来临。幼虫在巢穴底端的柔软粪便上做一个浅坑，在坑上搭起拱形屋顶，然后在洞里沉睡。此时的幼虫已经长得很大，身体弯曲成钩状，像块鱼肉饼，上突下平。身体白净光滑，后半段浮现出淡淡的黑色，那是因为腹内塞满了食物。幼虫背部中央长着长短不一、稀疏的毛，头部很小，呈淡黄色，有个大颚。前足和中足很长，而后足只有中足的三分之一，并且向后背上方弯曲。幼虫变为成虫的时候，后足变长，并且强壮有力。到了四月，幼虫醒来，开始活动。巢穴内还残留着去年吃剩下的粪便，幼虫接着啃食，但是食欲远不及秋天那样旺盛。幼虫在粪便隆起处的正中挖一个小坑，仔细打磨四壁，再在坑上搭一个屋顶，藏身其中。五月初，幼虫蜕下外

皮，变成白色的蛹。四五个星期之后，蛹终于化为成虫。成虫的鞘翅和腹部呈白色，很快就变成了黑色。六月中旬，成虫身体颜色就会变得和普通成虫一样。小粪金龟以卵过冬，春天孵化成幼虫，直到九月才变为成虫。

插画计划场景：

· 傍晚飞行的小粪金龟（寻找粪堆）

· 制作粪肠

· 幼虫越冬

3 【屎壳郎】巨胸粪金龟

——制作粪球并不很认真

※（别称：巨胸推丸粪金龟／Scanabaeus laticollis）

【鞘翅目（甲虫类）金龟子科粪金龟属／体长 15 ~ 25mm】

在粪金龟一族中，与神圣粪金龟和干田粪金龟相比，巨胸粪金龟的体型最小。它不像神圣粪金龟那样到处乱飞乱舞，搬运粪球的时候，却和神圣粪金龟一样，倒着向巢穴方向推粪球。巨胸粪金龟制作粪球并不很认真。

两个梨形粪球

如果一点点把巨胸粪金龟巢穴的沙土挖掉，就会露出一个大房间。房间里原来有一个大粪球，现在却变成了两个梨形粪球。梨形粪球长约三点六厘米，最宽处约二点四厘米，比神圣粪金龟的粪球小巧许多。

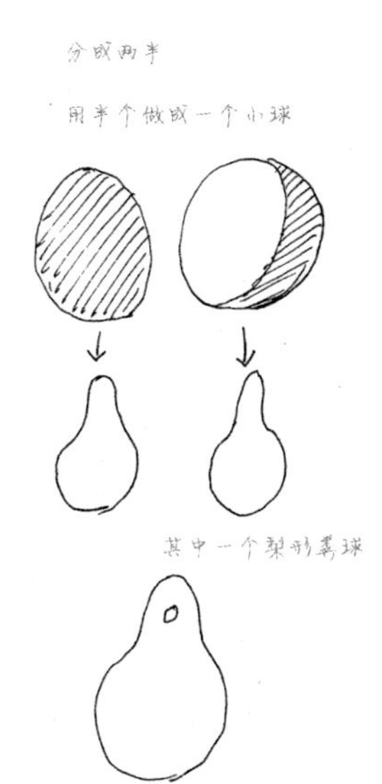

4 【屎壳郎】扁躯粪金龟

——这种粪金龟飞到粪堆，当场就吃起来

※（别称：欧洲扁躯粪金龟／*Gymnopleurus mopsus*）

【鞘翅目（甲虫类）金龟子科扁躯粪金龟属／体长7～14mm】

扁躯粪金龟的鞘翅外侧有凹陷，从凹陷处可以看到一小块腹部，所以也有人叫它“露腹粪金龟”。法国有两种扁躯粪金龟，其中欧洲扁躯粪金龟的背壳上布满无数小豆豆。这两种粪金龟习性相近，飞到粪堆，当场就会吃起来。而不像神圣粪金龟，会先做粪球，然后再吃。

卵状粪球

为虫卵做粪球的时候，扁躯粪金龟和神圣粪金龟一样，先制好粪球，然后推入巢穴。扁躯粪金龟的巢穴深六至九厘米，粪球很小，但是产卵的房间很大。粪球的大小以及形状和麻雀蛋差不多，长约二厘米，宽约一点二厘米。欧洲扁躯粪金龟做的粪球形状和麻脸粪金龟的一样，产卵期在六月。虫卵不到一个星期（三至六日）就能孵化成幼虫。

幼虫形状

和神圣粪金龟一样，扁躯粪金龟的幼虫也是胖嘟嘟的，身体弯曲成钩状，背部的袋状物里是消化器官。尾端扁平，像被切掉一刀似的。

成虫从蛹里羽化出来，头、背、胸和足都呈红褐色，鞘翅和腹部是白色。蛹变为成虫是在八月份，但是那时天气太热，粪球硬邦邦的，成虫钻不出来。一直要等到九月份下起雨来，粪球变软之后，成虫才能破壳而出。

★幼虫期：十七至二十五日。
★蛹期：十五至二十日。

5

【屎壳郎】长足粪金龟

——雄粪金龟闲着无聊，就转动粪球玩耍

※（别称：谢菲利长足粪金龟／Sisyphus schaefferi）

【鞘翅目（甲虫类）金龟子科长足粪金龟属／体长 8 ~ 10mm】

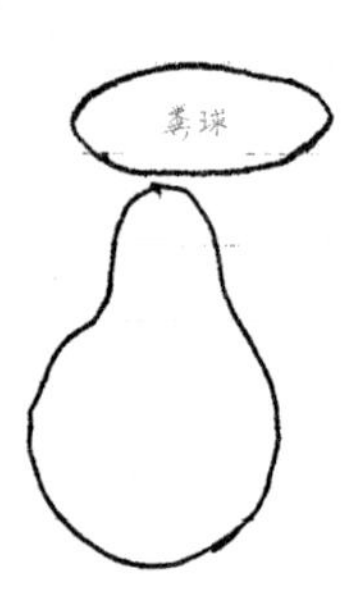

粪球直径　　细处 12mm
　　　　　　宽处 18mm

因为粪球小，所以球面打磨得很好，线条也优美。在所有屎壳郎中，它制作的梨形粪球是最漂亮的。

长足粪金龟体形矮胖，尾端尖凸。脚很长，像蜘蛛一样。后足特别长，且向内弯曲。

五月初，雄粪金龟和雌粪金龟一起动手制作育儿粪球。它们先把粪球做成豌豆般大小，然后推滚粪球，使其表面坚实。雌粪金龟在前面拉粪球，它站稳后足，一边倒退一边用前足拉。雄粪金龟则头朝下，倒立着从后面推粪球。不管道路怎样坑洼，它们都一直埋头前进。虽然长足粪金龟在法国粪金龟中是最小的一种，但是非常勤奋，即使遇到很陡的斜坡也不会止步。

接下来，雌粪金龟停止搬运，开始找地方筑巢。这时，雄粪金龟就抱着粪球守着。雄粪金龟等待的时候，闲着无聊，就会举止奇怪。只见它仰面朝天，高高举起后足，不停地转动粪球。（雌粪金龟在这个时候回来）两只粪金龟一起来到筑巢的地方，挖一个不深的巢穴。雌粪金龟用头和脚挖洞，雄粪金龟在一旁守护着粪球。过不了多久，两只粪金龟就带着粪球进入地下的巢穴，消失不见了。巢穴建在距离地面不深的地下，房间很小，只够雌粪金龟贴着粪球绕爬。因此，雄粪金龟只好出去了。

插画计划场景：

· 雄粪金龟和雌粪金龟搬运粪球，样子很有趣

· 雌粪金龟去找筑巢的地方，雄粪金龟守着粪球

· 雌粪金龟在育婴房内制作梨形粪球

· 幼虫的成长过程

6

【屎壳郎】西班牙大黑粪金龟

——孩子出来之前的四个月，母粪金龟不吃不喝

※（西班牙大黑粪金龟／*Copris hispanus*）

【鞘翅目（甲虫类）金龟子科大黑粪金龟属／体长 15 ~ 26mm】

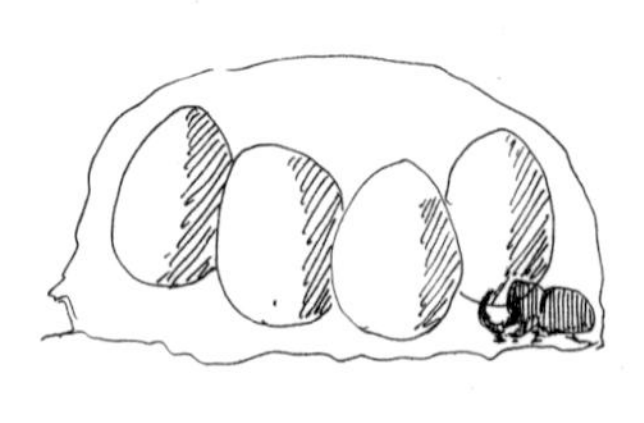

西班牙大黑粪金龟的体型仅次于神圣粪金龟。它们傍晚和夜间外出。西班牙大黑粪金龟的胸甲处有明显的刻纹，头上长着奇怪的角，身体矮墩墩、圆滚滚的。脚长得很短，走路迟缓。

西班牙大黑粪金龟一发现粪堆，就会在粪堆下挖一个苹果大小的简易巢穴，粪堆就成了巢穴的屋顶。西班牙大黑粪金龟从屋顶处的粪堆收集食材，但是不把粪便做成粪球。

巢穴内有非常宽敞的房间，屋顶低矮，地面平整。房间一角有一个瓶口大小的洞，洞口连着倾斜的长廊。长廊通向地面，长廊上方就是巢穴的入口。巢穴位于地下二十厘米左右的深处，比平时吃粪便使用的临时窝棚要宽敞，做得也更精致。西班牙大黑粪金龟把搬进来的粪便做成一个圆圆的大面包，几乎塞满整个房间，留下的空隙仅容雌粪金龟勉强爬行。西班牙大黑粪金龟在五至六月间产卵，它们为孩子准备的食材是羊粪。

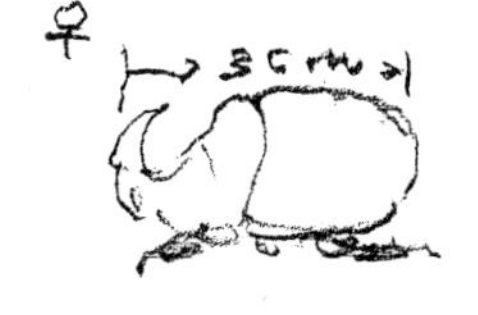

圆面包

粪便圆面包的形状不固定，有的像鸟蛋，有的像洋葱一样有点扁平，有的像球。在法国普罗旺斯地区，老百姓庆祝复活节的时候用一种卵状的硬面包，粪金龟的圆面包和这种卵状硬面包很相似。粪便圆面包表面很光洁，和神圣粪金龟的粪球相比，西班牙大黑粪金龟的圆面包奇大无比。圆面包长约十厘米，雌粪金龟在上面爬行，把表面踩踏平整。

圆面包的制作方法（续上）

西班牙大黑粪金龟先在圆圆的大面包上划上一圈切口，然后把大面包分成数个小块。此时，小粪球还没有成形。雌粪金龟爬来爬去，或左或右，或上或下，从不同方向挤压小粪块。经过二十四小时，小粪块就变成梅子核大小的圆球了。要把粪球表面打磨光滑，还需要两天时间。

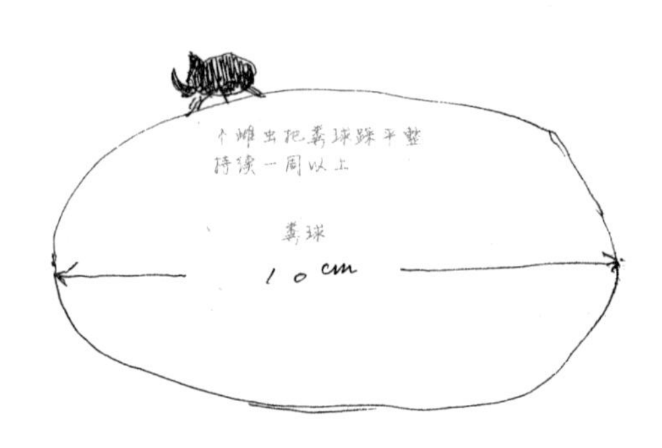

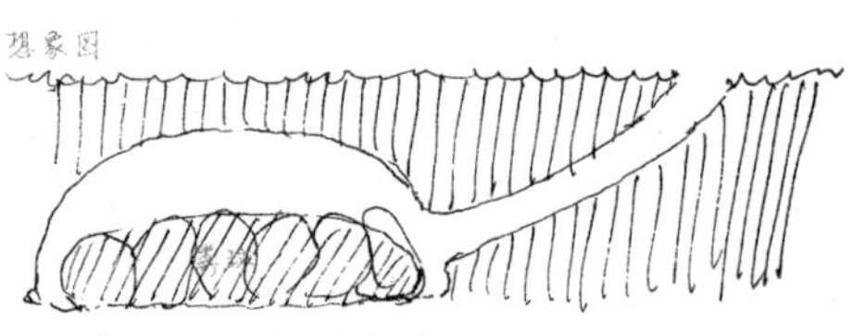

做完这些工作，雌粪金龟就爬上粪球，用脚在球顶挤压出一个杯状浅坑，然后在坑内产卵。产完卵后，雌粪金龟再收拢坑口（从粪球其他地方薄薄地削下一层粪便，搬到球顶，收紧坑口）。做完这些工作之后，雌粪金龟重新回到大圆面包上，切下一块粪便，做成粪球，产下虫卵。然后接着做第三个粪球，一共做四个粪球。

蛹开始是黄色，后来头、角、胸、足逐渐变成红褐色，鞘翅是浅褐色。一个月后，蛹变为成虫。刚羽化的成虫头、胸、足是红褐色。角、嘴上部、前足的锯齿上有褐色的小疙瘩。鞘翅白里透黄，腹部是白色，尾端比胸口红一点。两个星期之后，成虫身体完全变黑。九月底，粪球中的

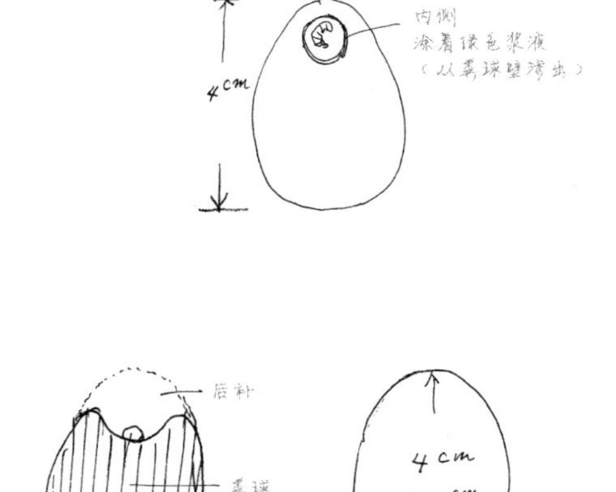

幼虫完全变为成虫。几场雨过后，地面潮湿，粪球变软，小粪金龟终于可以出来了。此前四个月，雌粪金龟一直不吃不喝，蜷伏在粪球旁睡觉。雌粪金龟带着孩子一起向牧场进发。

插画计划场景

· 雄粪金龟和雌粪金龟在地下筑巢

· 雄粪金龟外出

· 雌粪金龟制作粪球

A 制作圆圆的大面包

B 制作四个小面包

· 粪球旁的雌粪金龟

母子一起飞出去

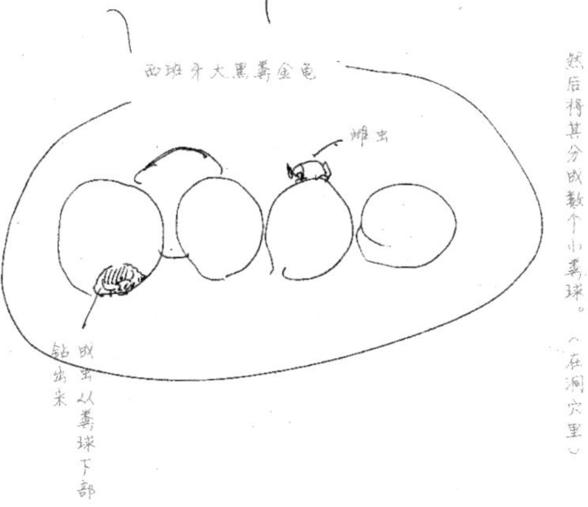
西班牙大黑粪金龟
雌虫
成虫从粪球下部钻出来
先做一个大粪球，然后将其分成数个小粪球。（在洞穴里）

7 【屎壳郎】岛屿大黑粪金龟

——最喜欢啃食牛粪

（岛屿大黑粪金龟 / *Copris lunaris*）

【鞘翅目（甲虫类）金龟子科大黑金龟属 / 体长 15 ~ 20mm】

粪球形状：卵形，肝形，星形，细长的猫舌形等。

岛屿大黑粪金龟的体型比西班牙大黑粪金龟小很多。这两种大黑粪金龟的头上都有角，但是岛屿大黑粪金龟的前胸中央有两道锯齿般的突起，肩部有枪头一样的尖角和深深的月牙形刻纹。岛屿大黑粪金龟喜欢潮湿的地方（牧草要多），最喜欢啃食牛粪。

插画计划场景：

· 成虫在牧草多的地方

麝香草生长茂盛

· 巢穴中的雄粪金龟

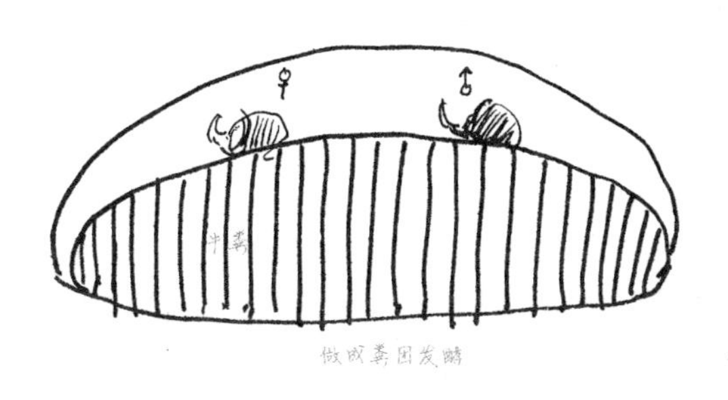

做成粪团发酵

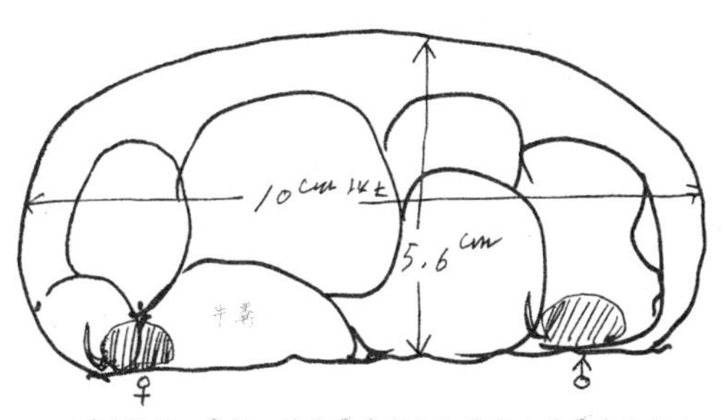

洞穴很矮。房间比神圣粪金龟和西班牙大黑粪金龟的大。

8

【屎壳郎】牛头大黑粪金龟

——幼虫变成蛹需要一年的时间

※（别称：野牛扁平大黑粪金龟／Bubas bison）

【鞘翅目（甲虫类）金龟子科 Bubas 属／体长 13～18mm】

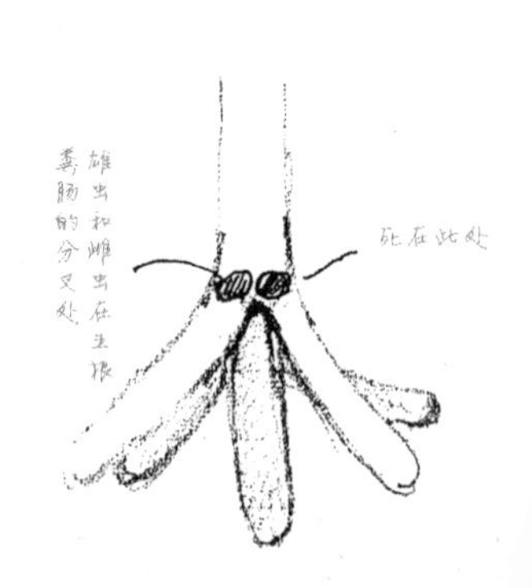

牛头大黑粪金龟产于法国蒙贝利地区，短足，躯干棱角分明。在科西嘉岛的阿雅克肖，桃金娘树下盛开着番红花和野生的仙客来。“我在花丛中发现了头上长有两只角的虫子（水牛）。”（法布尔）

幼虫身体弯曲成钩状，背部有袋状物。到了八月，幼虫吃光巢穴内的粪肠，然后，退回到巢穴深处，用自己的粪便作泥浆，做出一个球型房间（大小如樱桃），在里面过冬。一直到来年七月底，幼虫变成蛹。九月开始下雨，地面变软，蛹变为成虫来到地面。从秋天进入冬天的时候，成虫再度潜入地下越冬，第二年春天才回到地面。

插画计划场景：

· 野生仙客来旁的成虫

· 有五条通道的巢穴模型图

· 巢穴内的成虫

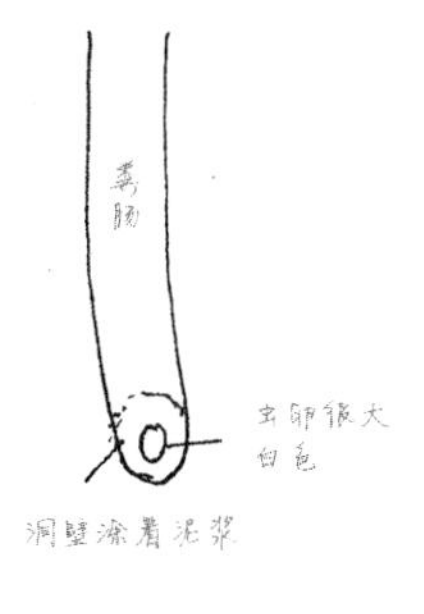

牛头大黑粪金龟巢穴断面图

巢穴

分成五条

虫卵

9 【屎壳郎】阎魔粪金龟

——很老实的粪金龟却长着打架的家伙

※（别称：钉耙阎魔粪金龟／Onthophagus furcatus）

【鞘翅目（甲虫类）金龟子科阎魔粪金龟属／体长3～5mm】

阎魔粪金龟身体很小（只有豌豆大小），它们很勤奋。粪堆往往会招来无数阎魔粪金龟，它们钻入粪堆，埋头工作。阎魔粪金龟一族很老实，却长着打架的家伙。它们头上长的角很像月牙形的刀、枪、斧和叉（只有雄粪金龟有）。

阎魔粪金龟和尖角粪金龟的幼虫，无论是形状还是动作，都和神圣粪金龟一族很相像。幼虫按顺序，一点点把粪泥涂成鱼鳞状，干了之后就变成榛子果实的模样。

蛹的前胸背面长着二毫米左右的突起，软软的，没有颜色。变为成虫之后，突起就不见了。蛹需要二十天羽化为成虫（八月间）。九月降雨，成虫破巢而出。刚蜕皮的成虫身体有红白相间的条纹。

阎魔粪金龟的成虫寿命很长，可以和自己的孩子一起活动到第二年。寒冬来临，阎魔粪金龟开始挖洞，然后带着食物潜入地下。二月，扁桃花盛开之际，阎魔粪金龟才会醒来。屎壳郎中最早苏醒的是南欧阎魔粪金龟和光角阎魔粪金龟，它们醒来之后，马上聚集到粪堆下。到了春天，老的、少的、大的、小的，一起在粪堆上团聚。活到第二年的老一代阎魔粪金龟第二次结婚，这在昆虫界实属例外。能活上三年的粪金龟还有巨胸粪金龟。

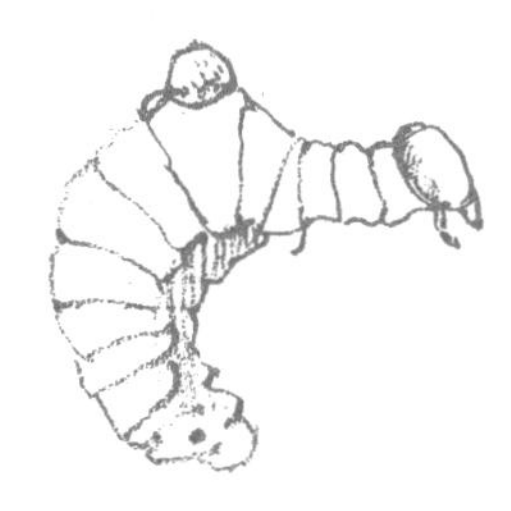

阎魔粪金龟幼虫

阎魔粪金龟的同类

南欧阎魔粪金龟—— 淡棕色，有半圆形的黑色图纹。

光角阎魔粪金龟—— 淡棕色，有古文字般的黑色图纹。

谢尔贝阎魔粪金龟—— 黑色，有光泽，有四个红色图纹。

钉耙阎魔粪金龟—— 阎魔粪金龟中最小的一种，鞘翅尖是火红色，犹如微弱的炭火红光。头部盔甲上有三根尖角。

巨牛阎魔粪金龟—— 阎魔粪金龟中最大的一种，黑色，角很大。

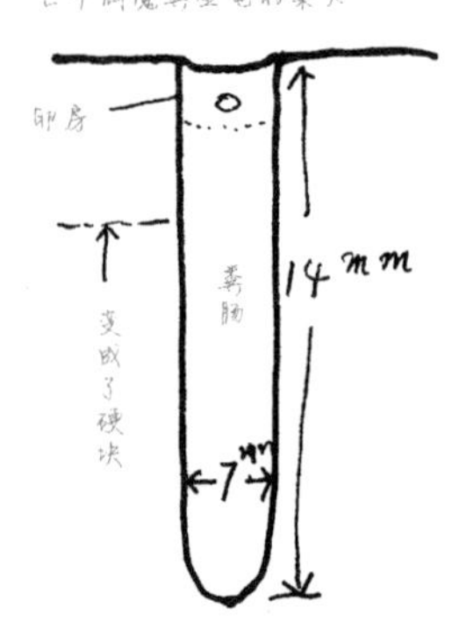

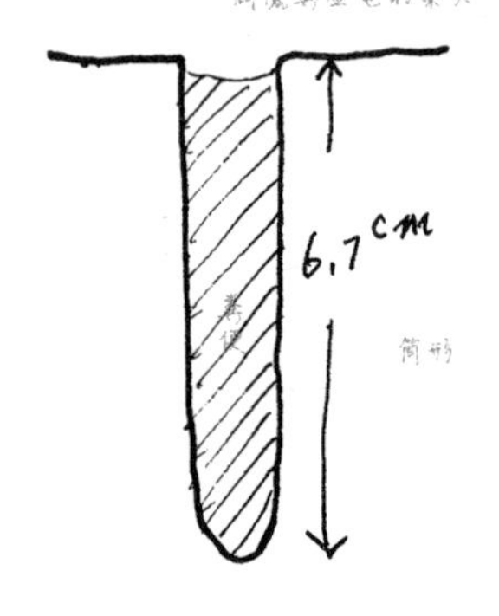

洞口直径大小依粪金龟大小而定。
钉耙阎魔粪金龟的巢穴入口直径大小和铅笔直径大小差不多。
巨牛阎魔粪金龟的巢穴入口直径大小是它体长的两倍。

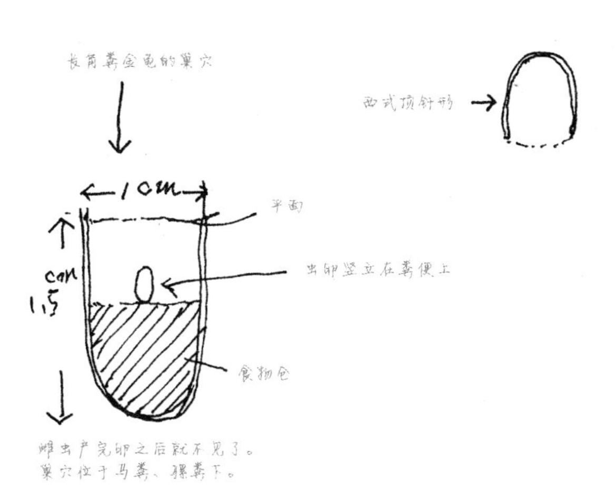
长角粪金龟的巢穴
西式顶针形
10cm
平面
虫卵竖立在粪便上
cm
1.5
食物仓
雌虫产完卵之后就不见了。
巢穴位于马粪、骡粪下。

10 【屎壳郎】半人兽小粪金龟

——头顶上的羊粪塞得像香肠

※（别称：半人兽黑小粪金龟 / Typhoeus typhoeus）

【鞘翅目（甲虫类）黑小粪金龟科 Typhoeus 属 / 体长 10 ~ 20mm】

★ Minotaurus Typhoeus：

半人兽（Minotaurus）源自希腊神话中的牛头人身的怪兽。堤丰（Typhoeus）是希腊神话中的巨人名。

半人兽小粪金龟喜欢沙土多的荒地，而且去牧场的羊群要经过此地，将粪便留下。这种粪金龟最喜欢羊粪和兔粪。兔子通常在固定的地方排粪，例如在麝香草丛里。

半人兽小粪金龟紧靠着羊等动物的粪便筑巢，挖洞的地方会堆起小土丘。夏季的时候最容易找到它们的巢穴。秋雨过后，干硬的土壤变得湿软，今年出生的成虫从巢穴中现身。它们紧接着就开始啃食粪便，吃饱之后就开始贮存过冬的食物。半人兽小粪金龟默默地从粪堆中挖取粪团，滚成粪球，运到巢穴入口处。然后，它们把橄榄状的粪球一个一个运进巢穴。和神圣粪金龟不同，半人兽小粪金龟直接推运椭圆形的羊粪球。

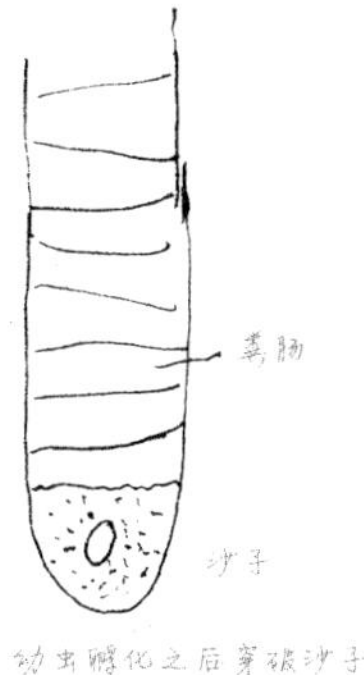

巢穴差不多和手指一样粗，深约二十厘米。土里如果没有石块阻扰，巢穴会挖得跟井一样垂直。洞底住着房主（成虫），雌粪金龟和雄粪金龟单独生活。成虫头顶上的羊粪塞得像香肠。

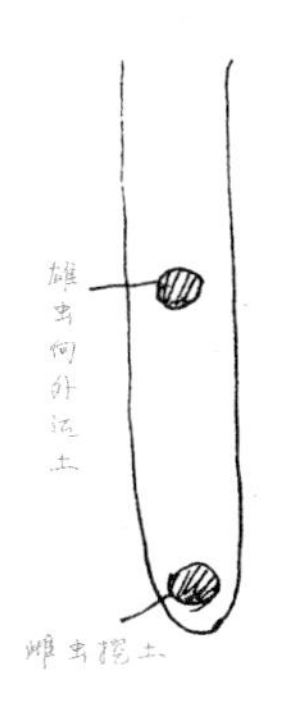

三月份，雄粪金龟和雌粪金龟一起合力挖巢穴。此前，它们一直是单独行动，从这时候开始，会在一起生活。初春或者秋末时节，雌粪金龟开始找地方挖巢穴。巢穴挖到差不多的时候，雄粪金龟就来了。有时候一次会来两三只雄粪金龟，雌粪金龟就从中挑选一只，一起生活很长一段时间。雌粪金龟一直待在洞底不出来，雄粪金龟负责搬运粪团，向外倒土，夜晚外出。

插画计划场景：

- 秋天，成虫从巢穴中爬出来
- 巢穴（各自居住）
- 深挖巢穴的雄粪金龟和雌粪金龟

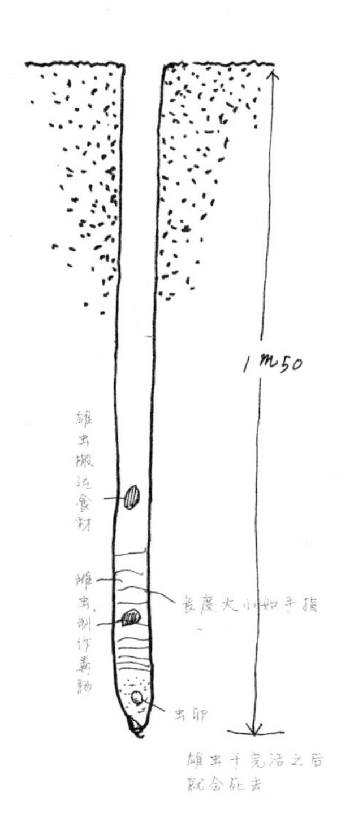
1m50
雄虫搬运食材
雌虫制作粪肠
长度大小如手指
虫卵
雄虫干完活之后
就会死去

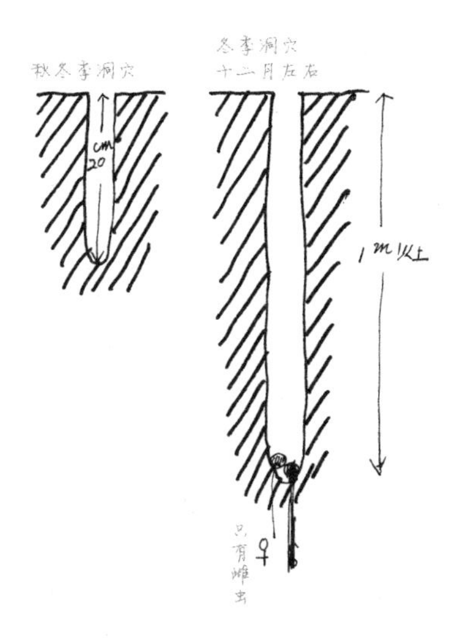
秋冬季洞穴
cm
20
冬季洞穴
十二月左右
1m以上
只有雌虫
♀

11 【步行虫】金色步行虫

——遇到同类，就要被打劫

※（金色步行虫／ Carabus auratus）

【鞘翅目（甲虫类）步行虫科 Carabus 属／体长 17 ~ 30mm】

步行虫不会爬树，即使高十厘米左右的麝香草也爬不上去。另外，步行虫很少捕食蜗牛。蜗牛从肺里呼出空气，空气和身体的粘液混合形成泡沫，步行虫讨厌这种泡沫。如果把蜗牛肺旁边的壳弄破一点点，马上就会有五六只步行虫飞过来，寻找下嘴的地方。步行虫找到地方，就会啃食蜗牛肉。如果把蜗牛倒置，每当步行虫靠近，它就会吐出泡沫。结果，没有一只步行虫能够靠近蜗牛。

一般情况下，步行虫对花潜金龟和琉璃金花虫也束手无策。但如果剪掉它们的翅膀，步行虫就能吃掉它们。步行虫对拟猬灯蛾（灯蛾的幼虫）也没辙，无法靠近它们。如果不是只有一只，而是有三四只步行虫，它们就会一起攻击拟猬灯蛾。步行虫也对付不了天蛾和大天蚕蛾的幼虫，因为它们块头太大（步行虫会被甩掉）。成虫天蛾也不好对付。鳃角金龟和天牛的翅膀之间有空隙，步行虫会掀起它们的翅膀，把它们吃掉。

步行虫最喜欢吃松树行列毛虫，一发现就会扑上去，把毛虫撕碎吃掉。步行虫经常一起争抢食物。如果一只步行虫带着食物往家走，途中遇到同类，就要被打劫。有时，会有两三只步行虫飞过来一起争抢食物。

雨天，蚯蚓（长约四十厘米，小指粗细）爬出地面。步行虫也喜欢吃蚯蚓，往往五六只

★金色步行虫的特征：和日本的马克步行虫相像，不同的地方是翅膀上有三道黑色条纹。另外，当独角仙一不小心张开前翅，这种步行虫就会立刻钻进去，把它吃掉。

★松树行列毛虫：一种天幕蛾幼虫。日本的天幕蛾幼虫不会排成一列，它们从松树上爬下来，钻入土中，变成蛹。

★消灭毛虫：金色步行虫是花园的园丁。步行虫一旦发现蝶或蛾的幼虫、鼻涕虫，就会把它们吃掉，保护鲜花盛开的花坛。

★欧洲常见的大蚯蚓和日本的环带蚯蚓相似，和日本的大粗蚯蚓完全不同。

上：喜欢的食物和讨厌的食物

下：越冬和产卵

步行虫一起咬住蚯蚓，绝不松口。许多步行虫一起吃同一食物时，它们不会争抢，它们会咬下一块，然后拿着食物迅速离开，回自己的家。

步行虫的天敌主要有狐狸和蟾蜍。蟾蜍的粪便有的时候像是用蚂蚁的头做成的小香肠，粪便中偶尔能发现步行虫的翅膀。

步行虫同类相食

交配之后，雌步行虫就会吃掉雄步行虫。雌步行虫身体比雄步行虫略大，雄步行虫丝毫不作抵抗，任由雌步行虫吃掉自己。到了十月，独存的雌步行虫钻进泥土中。十一月，开始飘雪，步行虫在巢穴中进入冬眠，等待春天产卵。

插画计划场景：

- 步行虫捕食毛虫
- 争抢猎物
- 步行虫和蚯蚓
- 步行虫讨厌的食物
- 步行虫的天敌
- 越冬和产卵

★步行虫的其他同类：紫步行虫呈亮黑色，略带紫晶光泽。欧洲宽肩步行虫是法国产步行虫中最强壮的一种，吃毒蛾幼虫。步行虫的同类还吃朝鲜灌丛蟋蟀和白面蟋蟀。

★步行虫在野外非人工饲养条件下，一般单独生活。

12

【垃圾虫】大葫芦垃圾虫

——受到惊吓就会装死

※（别称：欧洲大葫芦垃圾虫／Scarites buparius）

【鞘翅目（甲虫类）步行虫科大葫芦垃圾虫属／体长25～35mm】

沙滩足迹

海边小镇赛特位于法国南部，蒙贝利市以西。在海边，滨旋花（浅红色花，叶子是亮绿色／编注）上有一只罕见的浅红色蜗牛。还有一只白色的扁平蜗牛，在花上一动不动。沙滩上，有一串像雪地上小鸟脚印一样的印迹，那是大葫芦垃圾虫的足迹。

大葫芦垃圾虫主要生活在地中海，体长二点四至三点八厘米。日本产的大葫芦垃圾虫体长三至四厘米。欧洲产的垃圾虫前胸呈倒三角形，日本的是五角形，它们的生活习性完全相同。大葫芦垃圾虫全身好像黑曜石一般，散发着黑色的光泽。胸和前翅之间有很深的凹陷，有羊角锤般的大颚。

装死的垃圾虫

当大葫芦垃圾虫装死的时候，如果拿一只橡树天牛去碰它一下，它就会马上爬起来逃走。这种垃圾虫捕食金色花潜金龟和长须金龟。

插画计划场景：

· 沙滩上的大葫芦垃圾虫的生态

（盛开的滨旋花）

· 装死

· 捕食对象

13

【埋葬虫】赤纹埋葬虫

——挖坑的苦力和葬尸夫

※（别称：胸毛条纹埋葬虫 / Necrophorus vestigator）

【鞘翅目（甲虫类）埋葬虫科条纹埋葬虫属 / 体长 12 ~ 22mm】

赤纹埋葬虫和日本产的斑纹埋葬虫很相似。大型埋葬虫一般可以分为两类：一类是扁埋葬虫属（Silphini），特点是身体扁平；另一类是条纹埋葬虫属（Nicaophorini），特点是身体圆实。赤纹埋葬虫属于条纹埋葬虫属，它的全身长着坚硬的金毛，这一点不同于其他埋葬虫。赤纹埋葬虫还有一个特征，就是它的前胸向前凸起，呈倒三角形。

日本典型的埋葬虫（大和条纹埋葬虫）后足小腿弯曲，这一点很像生活在欧洲至西伯利亚东部的弯腿埋葬虫。

尸体周围的昆虫

土拨鼠、蜥蜴、青蛇、雏鸟等动物死后，最先来到它们尸体旁的是蚂蚁，然后是闻到臭味蜂拥而来的苍蝇、扁埋葬虫、阎魔虫、鲣节虫，以及隐翅虫等昆虫。动物尸体中，田鼠、鼩鼱、土拨鼠、青蛙、青蛇、草蜥蜴等尸体主要是由赤纹埋葬虫清理。这种埋葬虫散发出一种类似麝香的气味，它的胡须前端有红色的圆尖毛刷，胸部的绒毛褐色中带黄，背部（前翅）有两道美丽的红色横条纹。扁埋葬虫、阎魔虫、鲣节虫等昆虫总是吃得饱饱的，而赤纹埋葬虫却是挖坑的苦力和葬尸夫，只吃一点点腐肉。赤纹埋葬虫找到食物，就把它们埋进土中，然后在上面产卵。等到食物完全腐败可以吃的时候，虫卵正好孵化成幼虫，可以啃食面前的食物。

法布尔的实验

法布尔把土拨鼠吊起来。埋葬虫进行了各种尝试，最后发现吊绳，于是将绳子咬断，把土拨鼠放下来，埋到洞里去。

洞穴中的工作

翻出来堆在洞口的泥土有些摇晃。土拨鼠的尸体渐渐沉入地下。这时，周围的泥土一点点坍塌下来，落在尸体上面。土堆持续摇晃，不断落下的泥土将土拨鼠完全埋没。

在洞穴中的工作结束之后，雄埋葬虫和雌埋葬虫回到地面，然后分开，去自己喜欢的地方。

插画计划场景：

· 围绕土拨鼠尸体的赤纹埋葬虫、扁埋葬虫、苍蝇、阎魔虫、缨节虫、隐翅虫

· 潜入土中挖坑的埋葬虫

· 土拨鼠的尸体埋入土中

雄埋葬虫和雌埋葬虫回到地面

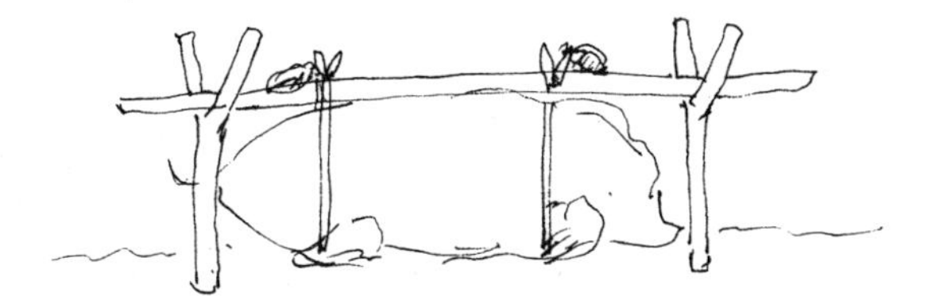
实验

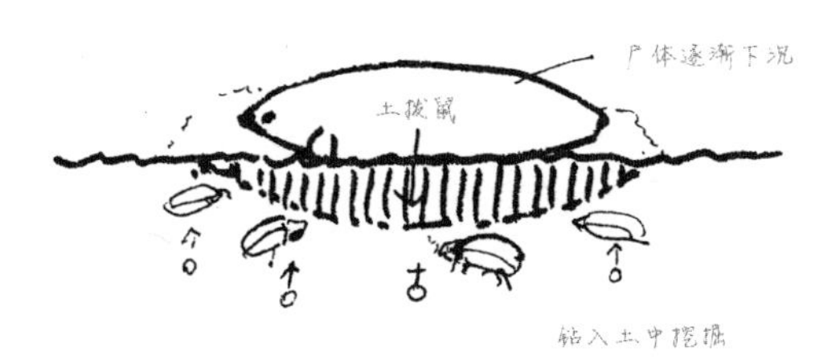
尸体逐渐下沉
土拨鼠
钻入土中挖掘

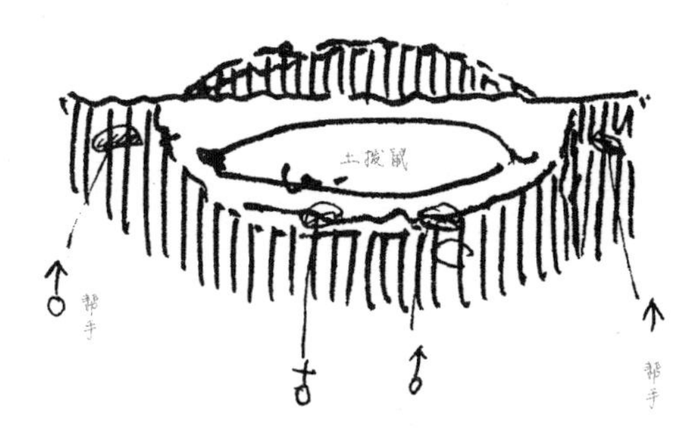
土拨鼠
帮手
帮手

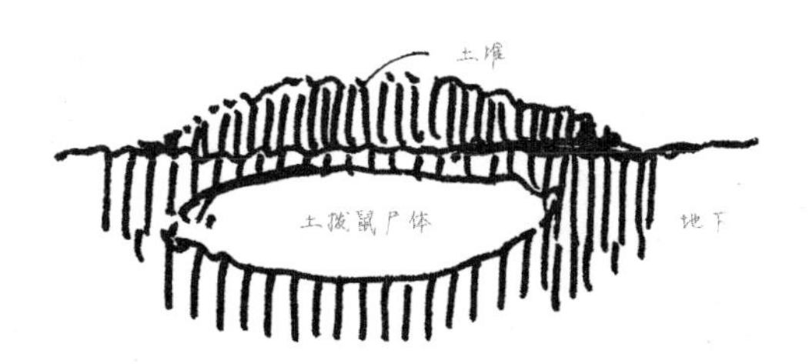
土堆
土拨鼠尸体
地下

14

【芫菁】花蜂寄生芫菁

——形状奇特的幼虫钻进雄蜂的胸毛中

※（花蜂寄生芫菁／Sitaris muralis）

【鞘翅目（甲虫类）斑蝥科 Sitaris 属／体长 8～10mm】

花蜂寄生芫菁的巢是条纹花蜂五月间做的，巢在洞穴深处。角切叶蜂也是利用条纹花蜂不再使用的隧道洞口筑巢,它们自己不挖洞。

条纹花蜂洞穴深处的巢十分精致，每条隧道入口处都有一个土盖子。在法国普罗旺斯地区的卡尔班托拉附近，有许多粘土和沙土形成的陡峭岩壁，那里对挖洞的蜂类非常重要。五月，黑脚条纹花蜂在巢穴入口处修筑突出的筒状口。这种筒状口是用土做成的圆筒，粗糙且弯曲，如手指一样长。粘土经过加工，像是溶洞里的钟乳石一样悬挂在岩壁上。毛脚条纹花蜂是黑脚条纹花蜂的同类，它们的巢穴更多，它们的巢穴入口处没有筒状口,洞穴光秃秃的。毛脚条纹花蜂喜欢筑巢的地方有旧的石砌围墙、无人居住的破房子、采石工人挖掘松软沙岩和石灰石留下的地方。条纹花蜂最喜欢道路旁的悬崖向阳斜面。从远处看去，它们的巢穴就像布满空洞的海绵，整齐地排列在一起。巢穴深二十至三十厘米，最深处有几个小房间。五月是条纹花蜂筑巢和搬运食物的季节，巢穴周围一片忙碌的景象。等到八九月工作结束之后，一切恢复平静，洞穴内布满蜘蛛网。如果向洞内探望，可以看到在几厘米的深处，有数以千计的幼虫和蛹龟缩在粘土房间里，等待春天来临。它们一个个胖乎乎的，一直在睡觉。

★角切叶蜂的幼虫身体呈深褐色，它结的卵形茧非常厚。

此时，寄生的长吻虻一个洞穴接着一个洞穴飞来飞去，准备在角切叶蜂的幼虫身上产卵。花蜂寄生芫菁的雌虫肚子里装满了虫卵，从洞穴入口向后退着进入条纹花蜂的巢穴，它在巢穴里好像有重要的事要做（产卵）。但是，雌芫菁完事之后，却被蜘蛛网粘住了。巢穴旁的蜘蛛巢内，同样还吊着长吻虻的尸体。其他地方的蜘蛛巢里也有花蜂寄生芫菁的尸体。洞穴周围，花蜂寄生芫菁的雄虫飞来飞去，它们来这里是为了寻找雌芫菁。

★长吻虻寄生在角切叶蜂体内。

★角切叶蜂和花蜂寄生芫菁寄生在条纹花蜂体内。

花蜂寄生芫菁幼虫的生活

花蜂寄生芫菁的幼虫形状奇特，出生后的七个月不吃不喝，专等条纹花蜂的到来。最先出现的雄蜂通过隧道时，一定要从芫菁幼虫身旁经过。抓住这个机会，幼虫就会钻进雄蜂的胸毛中。三四个星期之后，在条纹花蜂交配的时候，幼虫就从雄蜂身上转移到雌蜂身上。当雌蜂产卵的时候，幼虫又顺着雌蜂产卵管成功地转移到蜂卵上。蜂卵浮在蜂蜜上，成了芫菁幼虫的木筏。

★幼虫对条纹花蜂虫卵的气味非常敏感。

★幼虫大约长一毫米，皮肤坚硬且有光泽，黑中带绿。

之后，芫菁幼虫先吃掉蜂卵，长大蜕皮之后，再一次变成体形完全不同的幼虫，跳进蜂蜜里。

★花蜂寄生芫菁的幼虫趴在（条纹花蜂的）蜂卵上，浮在蜂蜜上。

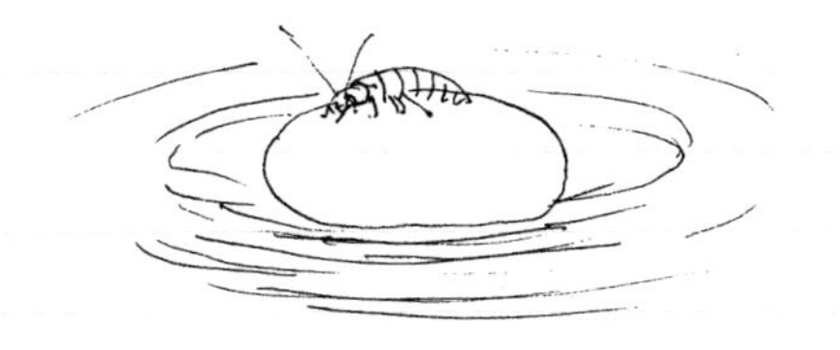

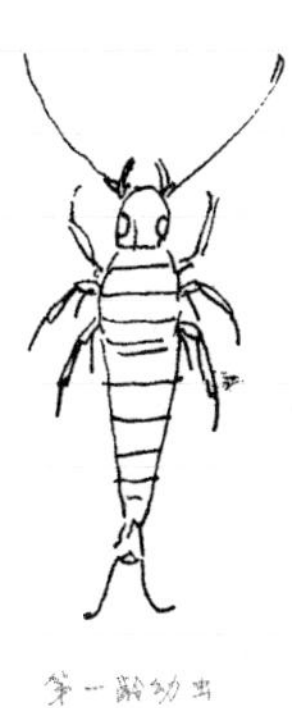

第一龄幼虫

15

【斑蝥】斑蝥

——小虫子躲在花瓣里等待蜜蜂

※（别称：大斑蝥／Meloe proscarabaeus）

【鞘翅目（甲虫类）斑蝥科斑蝥属／体长 12 ~ 30mm】

草地上全是斑蝥幼虫，这些小虫子喧闹着，在草上来来去去。甘菊花上聚集了大大小小四十多只小虫子。但是，丽春花和深山野苣的花上却没有一只。幼虫刚从土里钻出来，它们在甘菊花上等待蜜蜂（为了抱住蜜蜂）。蝇类和虻类也会飞到这些花上吸食花蜜，幼虫有时会飞到这些昆虫身上（这些幼虫搞错了对象）。

蜜蜂一来，小虫子呼地一下从藏身的小黄花中钻出来，飞到旁边的白花上。它们来到花瓣的边缘，伸出尾端上的刺，吐出粘稠的液体，牢牢地支撑住身体。接下来，它们仰起上半身，悬着身子四处摇摆，似乎想抓住什么。如果抓不到东西（没有蜜蜂来），它们扭完几次身体之后，又会回到小黄花中，一动不动地等待。

斑蝥的幼虫生活非常奇特，和花蜂寄生芫菁的幼虫极其相似。斑蝥第一龄幼虫（体形最小的幼虫）也寄生于条纹花蜂的身上。

产卵方式

在日照充足的干土地上，雌斑蝥在草根之间挖出深约六厘米的洞穴。产完卵后，轻轻地盖上土。雌斑蝥间隔几天再产一次卵，这样重复三四次。雌斑蝥一次能产四千多枚卵。在当年五到六月，虫卵孵化成幼虫。幼虫体形细长，像黄色的小虱子。幼虫出生后从洞穴钻出来，

★草原上开花的菊科同类：菊苣、蒲公英、法国小野菊、罗马甘菊等。

★甘菊：花中央有一簇小黄花，周围是小白花，像花瓣一样，紧紧围成一圈。

立刻爬上附近的植物，它们最喜欢菊科植物。幼虫钻入花瓣里隐藏起来，等待蜜蜂到来。当蜜蜂到花心采食花蜜和花粉时，幼虫就会粘在蜜蜂的绒毛上。

斑蝥的同类

欧洲斑蝥和欧洲琉璃斑蝥，它们体型难看，肚子大大的。左右两边的前翅很小，也很软。背部完全外露，呈黑色。这种斑蝥遇到危险不会马上逃命，而是从足关节处分泌出油性的黄色液体。这种液体一旦沾到手上，很难弄干净，而且非常刺鼻难闻。英国称这种斑蝥为“油甲虫”。其实，这种黄色液体是斑蝥的血液。

插画计划场景：

- 甘菊花上的幼虫和花蜂（除了甘菊，还有法国小野菊等）
- 幼虫的一生：出土→爬到草上→找到甘菊花→蜜蜂飞来→抱住蜜蜂→转移到雌蜂身上→爬到蜂卵上
- 在花瓣尖上表演“马戏”的幼虫和花蜂

16

【蝉】熊蝉

——所有种类的蝉都喜欢小树枝

※（熊蝉／Cicada orni）

【半翅目（蝉、椿象类）蝉科 Cicada 属／体长 26 ～ 30mm、到翅尖长 37 ～ 40mm】

产卵场所

熊蝉把卵产在桑树（在法布尔之前，学者雷欧米尔做过实验）、樱树、柳树、桃树、女贞树（日本产）等树木的枯枝上，但是数量并不多。所有种类的蝉最喜欢的还是小树枝，这些小树枝大概有稻秆和铅笔那么粗。树枝皮要薄、芯要实。符合这些条件的有绵枣儿（百合科）、金雀花（豆科）、金鱼草（玄参科）、花韭（百合科）等植物。产卵的小树枝基本上笔直树立，偶尔有些活的树枝，上面长着花和叶子。

挖洞（巢穴）

天最热的时候，熊蝉在太阳晒干的土地上挖洞。隧道深约四十厘米，稍微有点弯曲，但基本上是直的。

蜕皮

熊蝉在麝香草丛、稻科植物的茎、低小灌木的小树枝等处蜕皮。

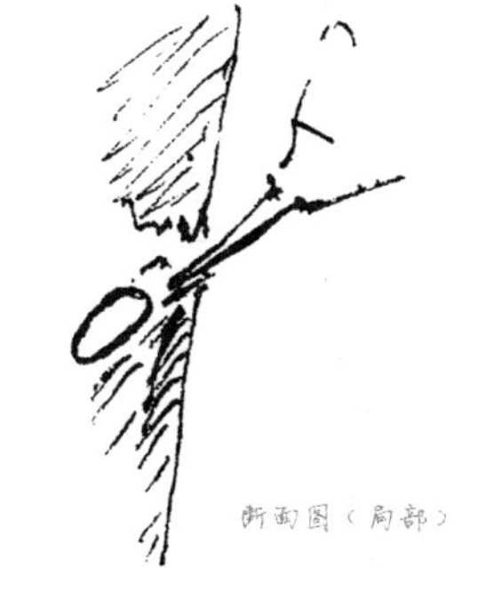

断面图（局部）

上：在枯枝上产卵
中：期盼水滴的昆虫
下：可怕的天敌
右：等待羽化的房间

MACHIKA.

插画计划场景：

- 巢穴内（土中）的生活
- 蜕皮
- 蝉在树上挖开一口“树井”，
  昆虫都来喝水
- 鸣叫的蝉：熊蝉、山蝉
- 产卵
- 蝉的天敌：捕食蝉的麻雀

★从早晨到中午。
↑
要确认

★蝉鸣：早晨七八点钟开始歌唱，一直唱到傍晚八点钟。
巴黎附近听不到蝉鸣。

★其他还有山蝉，身体大小只有熊蝉的一半，体长二十八毫米，在欧洲很常见。

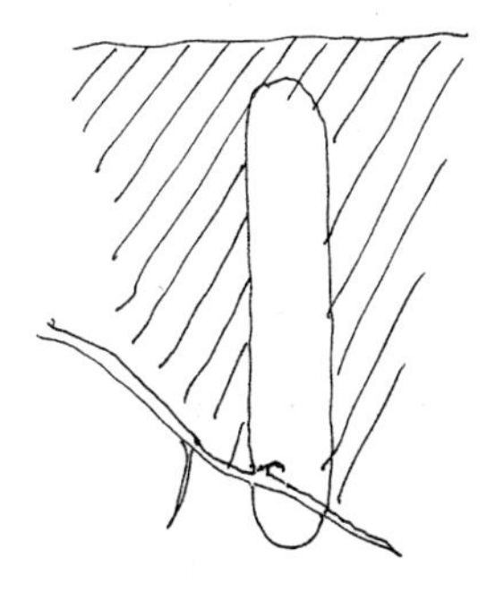

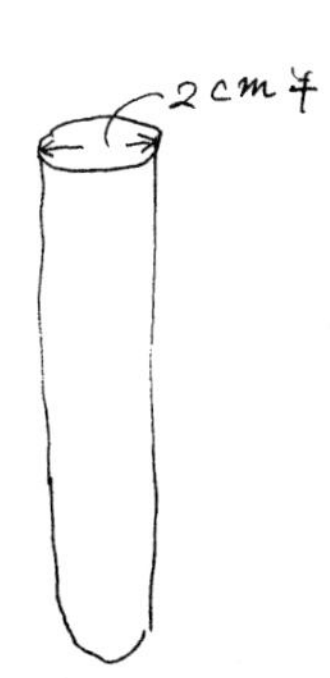

17

【沫蝉】细沫蝉

——只有在泡沫里才放心

※（细沫蝉／Philaenus spumarius）

【半翅目（蝉、椿象类）沫蝉科细沫蝉属／体长 6 ~ 7mm】

幼虫

如果拿一根稻秆，在细沫蝉幼虫吐出的唾液泡沫中搅动，就会有一只肚子大大、体型扁平的黄色虫子从泡沫里钻出来。它的样子像蝉，但是没有翅膀。这种幼虫再长大一点，就会变成绿色，翅尖也会冒出来。它的头上有尖角，头下有一根和蝉差不多的口器向外突出。成虫体形很像蝉，但是比蝉小很多。

即使没有虫子，泡沫也不会消失。泡沫黏黏的，有点像熔化的橡胶，粘到手指上能拉出丝。每个泡沫的大小都相同，像是用容器量过一样。幼虫浸在树液中，先把腹尖伸到树液表面，然后打开气囊，吸入空气。之后，再一次把腹尖浸入树液，这时气囊收紧，排出空气。

只要是四月生长的草，细沫蝉都会在上面制造泡沫。而其他种类的沫蝉能选择的植物就非常有限。

沫蝉之所以能制造泡沫，是因为幼虫的腹部两侧向下部中央翻卷，在内翻部位聚集了许多空气。泡沫产生的原理：沫蝉腹尖两侧有腺体排蜡，蜡和腹部排出的体液混合，形成“肥皂液”似的物质。沫蝉用气囊向“肥皂液”里面吹空气，就能产生泡沫（现代科学的解释）。幼虫待在泡沫里，既可以躲避阳光照射，又可以迷惑寄生虫和食肉昆虫。在变为成虫之前，幼虫一步都不会离开泡沫。等到长为成虫，沫

蝉既可以飞，又可以用脚跳跃。

喜欢的食物

细沫蝉喜欢像辣椒一样辣的长莨、魔芋（黑花天南星）、手碰到就会肿的转子莲（别名铁线莲）、味道很淡的红花岩黄芪、薄荷、蒲公英、长叶糙毛柴胡（胡萝卜的同类）等。

插画计划场景：

- 粘在草木上的沫蝉（泡沫的形状）
- 泡沫中的沫蝉幼虫（放大）
- 从泡沫里出来的成虫

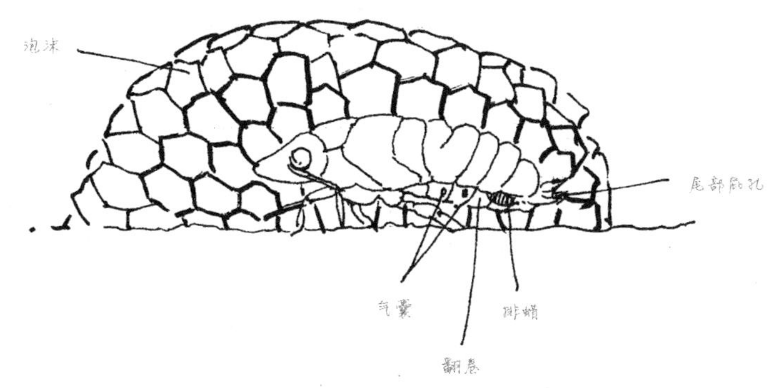

（参照魏贝尔）

18 【椿象】欧洲青椿象及其他椿象（虫卵）

——椿象的卵像一个带盖的箱子

※（欧洲青椿象／Palomena prasina）

【半翅目（蝉、椿象类）椿象科青椿象属／体长 12 ~ 16mm】

芦笋的细枝条上有一种很神奇的虫卵，一块虫卵大约有三十粒。椿象幼虫刚刚孵化，还没有散开。空空的壳上打开一个盖口。幼虫出去之后，这种黑色的小壶呈现灰色、半透明。卵壳上分布着多边形的细小褐色网纹。

椿象的虫卵可以说是一个带盖的箱子。和卵壳一样，盖子上也有细小的网纹，盖边有蛋白玉色的带状饰纹。带子就像合页，幼虫孵化出来的时候，盖子刚好绕着这条带子脱落。

靠近盖口的卵壳内侧有一种类似船锚的黑色图纹，就像“T ”字型，横杠两端略微下垂。

四月份，椿象的同类经常光顾迷迭香花。五月初，椿象开始产卵，虫卵很漂亮，但是太小，人们一般不会注意。

各种各样的卵

欧洲紫椿象—— 形状像圆筒，底部缺失。盖边有明显的条纹，盖子正中有一个水晶般的把手。刚产下来的虫卵呈麦黄色，过一段时间之后就变成浅橘色。盖子正中有非常明显的红色三角图纹。虫卵空掉之后，盖子变得跟玻璃一样透明，其他部分则变成蛋白玉色。虫卵数一般不足五十粒。

欧洲青椿象—— 虫卵顶端呈卵形，像个小壶。表面布满多边形的网纹，呈黑褐色。虫卵空掉之后，变成褐色。虫卵数约三十粒。

小椿象—— 虫卵形状像小壶，表面有网纹。开始时不透明，虫卵空掉之后，变成半透明的白色，接着变成浅红色。虫卵数约五十粒。

欧洲菜椿—— 在甘蓝菜地里，可以看到这种椿象漂亮的虫卵，虫卵表面有红黑相间的条形饰纹。虫卵下端像个圆壶，圆筒形虫卵的上下有黑色宽带，卵体两侧有四个黑点，虫卵部分呈白色。盖子被雪白的细

★守护幼虫成长的椿象有欧洲的红角椿象，还有日本的红角椿象和黄纹椿象。

毛包围，在盖边形成一个白圈。盖子正中有一个突起，像是黑色的帽顶结。整个虫卵墨黑和棉白交相映衬，非常好看。

插画计划场景：

- 芦笋细枝上的椿象
- 各种各样光顾迷迭香花的椿象
- 如果有虫卵的资料，可以把虫卵画得更漂亮

19

【食虫椿象】红颈食虫椿象

——把毒针刺进猎物体内

※（别称：斑背食虫椿象／Reduvius personatus）

【半翅目（蝉、椿象类）食虫椿象科红颈食虫椿象属／体长11～13mm】

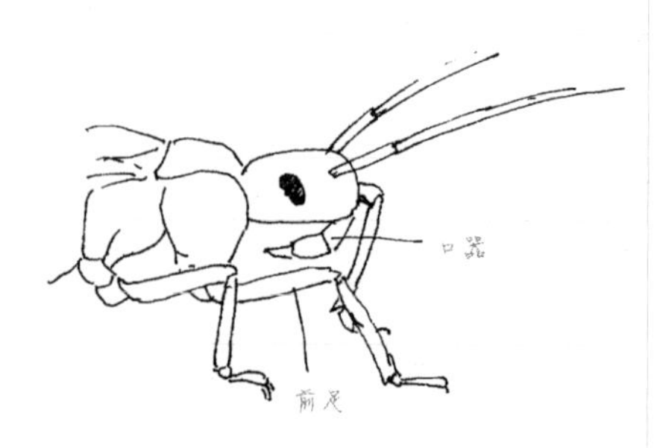

★红颈食虫椿象把毒针刺进猎物体内，然后吸食猎物的体液。

红颈食虫椿象身体扁平，呈黑褐色。头部细小，头上戴着网纹圆帽，帽檐明显向前突出。前胸有黑色光亮的小颗粒。这种椿象有口器，口器根部覆盖了除眼睛之外的整个脸部。这种口器不作挖洞工具用，这和其他吸食树液的椿象不一样。这种口器像弯曲的食指，呈钩子形状，口器中有细小的针刺。食虫椿象的口器中一般有一对针一样的大颚和小颚，还有一根舌头。

把一只姬蟋蟀放到红颈食虫椿象面前，虽然姬蟋蟀有强壮的大颚，身体比红颈食虫椿象大五六倍，但是很快就被红颈食虫椿象给解决掉了。

插画计划场景：

· 捕食姬蟋蟀的红颈食虫椿象

吸血鬼：食虫椿象

20

【螳螂】薄翅螳螂

——卵产在各种不同的地方

※（薄翅螳螂 / Mantis religiosa）

【螳螂目螳螂科薄翅螳螂属 / 体长 50 ~ 70mm】

★白面螽蟖：只居住在地中海地区。雄螽蟖的刺在尾巴根部。雌螽蟖产卵管的根部有一个宽而平坦的板状物，呈三角形。

螳螂的食物

螳螂的食物有大名蝗虫、白面蟋蟀 、精灵蝗虫、拟蟋蟀、蜘蛛、蝴蝶、蝉、蜻蜓、大苍蝇、蜜蜂等。这些都是中等大小的昆虫。

卵囊的大小和产卵场所

卵囊一般宽两厘米，长四厘米，基本呈棕色。螳螂产卵的地方有石块、木头、葡萄枝、枯树叶、碎砖块、破布片、旧鞋子等。

插画计划场景：

- （在草上的）雄性薄翅螳螂的形态
- 捕食大名蝗虫的螳螂
- 在石块上产卵
- 螳螂的诞生

薄翅螳螂

上：虫卵的乐园
下：充满危险

KUMACHIKA

21

【蛾】欧洲最大的蛾

——欧洲最大的蛾

※（别称：大孔雀天蚕蛾 / Saturnia pyri）

【鳞翅目（蝶、蛾类）天蚕蛾科 Saturnia 属 / 翅展 130 ~ 150mm】

虫卵

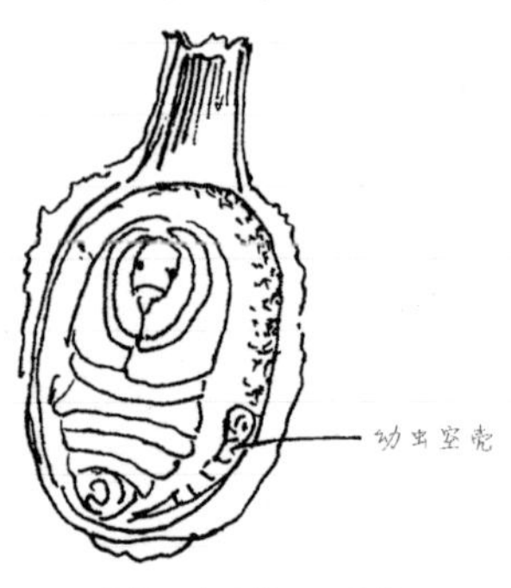

姬孔雀蛹（形状同大孔雀蛹）

大孔雀蛾很像日本的天蚕蛾，但是，它的翅膀上有波形带状图纹，这一点又像日本的草蛾。大孔雀蛾翅膀展开可达十四厘米（欧洲最大）。幼虫身体呈浅黄色，上面点缀着黑色的粗毛突起。突起顶端有个小蓝点，像土耳其蓝玉。蛾茧很结实，呈褐色。蛾茧有个泪珠形的出口，通常粘在杏树根部的树皮上。大孔雀蛾的幼虫吃杏树叶长大，平时还吃苹果树、榆树、核桃树的叶子。

插画计划场景：

· 夜空中飞舞的雄性大孔雀蛾

· 白天飞行的雄性大孔雀蛾

· 大孔雀蛾的生态场景

展翅飞翔之前

KUMACHIKA.

沐浴阳光

22

【蛾】天蚕蛾

——被雌蛾发出的气味吸引

※（别称：茶带枯叶蛾／Lasiocampa quercus）

【鳞翅目（蝶、蛾类）枯叶蛾科 Lasiocampa 属／翅展 44～55mm】

天蚕蛾的茧很像蚕茧，非常坚硬，和枯树叶的颜色一样，粘在栎树上。成虫全身长满天鹅绒毛，绒毛上面有淡淡的条纹。前翅上有小白点，很像眼睛。

法布尔的实验

八月二十日，雌蛾从茧里孵化出来。雌蛾体形和雄蛾一样，只是颜色淡一点。雌蛾腹部很大。第三天下午三时左右，不知从哪儿飞来一大群雄蛾，它们的目标是关在笼子里的雌蛾。雄蛾在雌蛾笼子上互相推搡，争夺地盘。这种情况持续了三个小时。飞来了大约六十只雄蛾。雄蛾发疯似地乱飞，但是笼中的雌蛾却一动不动。等到傍晚气温下降，雄蛾才安静下来。大多数雄蛾很快就飞走了，再也没有回来。有些雄蛾停在窗户的横木上，等待天明。

法布尔把一只小雄性螳螂放入笼子，天蚕蛾很快就被咬死了。螳螂很小，相比之下，天蚕蛾却很大。法布尔本来以为不会有事。

将雌蛾的笼子密封，雄蛾就不来了。把雌蛾藏起来，留下雌蛾待过的笼子，结果雄蛾全部集中到了笼子里。把雌蛾在笼中待过的栎树枝拿出来，雄蛾不往玻璃瓶里的雌蛾飞，而是停留在树枝上。雄蛾舞动着翅膀，停在树枝上，四处寻找。有的雄蛾还在树叶里找来找去。由此可见，雄蛾完全被雌蛾发出的气味吸引。

23

【蓑蛾】结草虫（单色蓑蛾）

——送给自己孩子一个家

※（单色蓑蛾／Canephora hirsuta）

【鳞翅目（蝶、蛾类）蓑蛾科黑蓑蛾属／体长20～25mm】

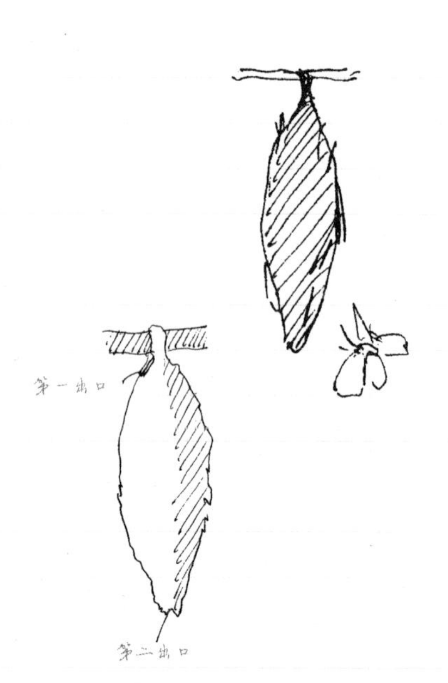

结草虫的成虫叫蓑蛾，是一种灰白色的小蛾。触角非常有用。雄蛾为找雌蛾四处飞寻。雌蛾待在囊中不出来，雄蛾就停在囊下方的出口处，和雌蛾见面。这就是结草虫的婚礼。婚礼后数日，一条很难看的虫子从囊里爬出来，这就是雌蛾。雌蛾的腹尖长着一圈脏兮兮的白色绒毛，雌蛾没有翅膀。

六月末，雄蛾孵化出来。囊的前端朝上，挂在枝条上，蛹把一半身体伸在囊外。这种囊空掉之后，一直就这么挂着，直到风雨把它吹落。

囊由一些小枝条做成，成虫的出口在囊的后端。因为囊前端的口总是粘在支撑物上，所以幼虫无法外出。幼虫只能在囊中转身，变成倒立的姿态羽化。羽化之后的成虫从囊的后端出口出去。结草虫在这一点上都是一样的。

囊有两个出口

囊前端有一个出口，幼虫活动的时候，可以伸出一半身体。但是，幼虫变成蛹之后，这个出口就会封死，紧紧地粘在支撑囊的树枝或墙壁上。第二个出口在囊的后端，开口不是很整齐。这个是成虫的出口。蛹或成虫只有用劲挤，这个出口才会张开。

用小枝条做成的囊里住着一条大虫子，虫身上有美丽的黑白条纹。这条大虫子为了捕食

★制作囊的材料：
柔软轻巧的根茎碎片、
杂草的花柄、草叶、
柏树的小枝条等。
如果没有喜欢的材料，
结草虫就用身边现成
的小枝条或碎树叶做囊。

猎物，或者寻找羽化场所，经常要移动地方（只把上半身伸到外面）。

结草虫把一些小枝条拼接起来给自己做外套。外套里面用厚绸缎做成。在变成蛾之前，结草虫不会脱掉这件外套。这件外套般的纺锤形囊做工很整齐，长约四厘米，前端尖，后端张开，像雨伞一样。囊的前端制作非常特别，移动的时候，一点不妨碍头和脚的活动。囊的开口很柔软，可以向任何一个方向扭转。

结草虫制作囊的方法各不相同

第二只结草虫（菲莱特蓑蛾）囊的大小以及枝条的做工，都比上述的囊要好很多。它把各种纤维、木屑、碎稻秆、草叶的筋紧密地粘在一起做成囊。囊的后端没有开口。除了开口的地方，整个囊布满小枝条，形状比刚才说的结草虫的囊要好看许多。

第三只结草虫（孔泰拉蓑蛾和小蓑蛾）的囊又小又简单。冬末，可以在墙壁以及各种树木凹凸不平的老树皮里发现很多这种囊。这种囊的长度只有一厘米左右，用一两根腐烂的稻秆做成，像是随手捡起来粘成似的。

产卵

雌蛾将身体弯成钩状，六个脚抓住囊的下端，将探针从开口处刺入囊内。接着，雌蛾一动不动，弯曲着身体停在囊的下端。囊内底部还残留着空蛹壳。雌蛾往蛹壳内产卵，将其填满。长长的输卵管伸入空蛹壳中，产下排列整齐的虫卵。囊是结草虫送给自己孩子的一个家。大约三十分钟之后，雌蛾拔出输卵管，然后用尾部周围的绒毛封住囊口。产完卵后，雌蛾仍然抓着囊，身子微微抖动，就这样很快死去。晒干之后的雌蛾还一直抓着囊。

七月初，诞生了大约四十只幼虫。幼虫头部呈浅褐色，身体是脏兮兮的白色。幼虫体长一毫米左右。第二天，晚出生的幼虫从卵壳里爬出来。幼虫爬向做囊的小枝条，将旧囊解体，用雌蛾的旧衣服赶做自己的外套。幼虫一会儿撕拉囊内的柔软部分，一会儿钻进空茎中收集棉丝。新囊的内侧跟雪一样白（以上是最小的结草虫——小蓑蛾的情况）。

许多囊都像钟乳石一样悬挂着，但有的囊做在地面的沙土里。囊的后端悬在空中，前端在地里，垂直竖立。

幼虫在变成蛹之前，头可以上下自由活动。雄蛾的蛹爬到囊的出口处，探出一半身体，弄破蛹壳，堵住出口，爬到囊外。然后，雄蛾在“屋顶”稍事休息，等吹干身体之后，展翅飞翔，去寻找雌蛾。雄性蓑蛾全身乌黑，触角也是黑的，很宽也很漂亮。

雄蛾飞向虫囊寻找雌蛾，并开始求爱。囊中的雌蛾正在等待雄蛾。雄蛾的寿命只有三四天，所以雌蛾很难碰到雄蛾。有的雌蛾自己从囊口探出身体，等上两三个小时。但是雄蛾不来，雌蛾只好再回到囊中。第二天、第三天，雌蛾就这样等着，最后死了心，钻进囊中不再出来。雌蛾就在囊里死去。这是法布尔用笼子做实验观察到的结果。在广袤的原野里，雌蛾应该能遇见雄蛾吧！

①雄蛾与雌蛾相亲的地方
②雌蛾的出口
③产卵口
④幼蛾出口

三种结草虫中最小的一种（小蓑蛾）

雌蛾从囊中爬出来，从出口处把长长的输卵管伸进空蛹壳中，产下虫卵。空蛹壳成了卵房，囊里都是虫卵。雌蛾就这样挂在囊外死去。

另外两种结草虫

雌蛾没有输卵管。不管是求爱的时候还是产卵的时候，雌蛾都不出虫囊。这种雌蛾不产卵，虫卵就安放在自己的腹中，自己成了包裹虫卵的袋子。雌蛾就这样变干，成为一个皮袋子。皮袋子里只剩下有大约三百个虫卵的卵块。雌蛾除了几个必需的内脏之外，整个身体成了安放虫卵的大容器。

各种材料

厨房的扫帚、纸张、瓶塞、大孔雀蛾的翅膀、坚硬的石子碎粒、铁屑等等，都可用来做囊。

★现在已经知道，虫卵产在体外。

编织用的材料

在空气中放置许久的木头碎块，幼虫可以从中收集植物纤维。幼虫通常利用母亲留下的旧巢“屋顶”。没有植物纤维的时候，幼虫也用动物性的绒毛，例如蛾翅上的鳞粉。蒲公英是非常好的材料，幼虫吃蒲公英的绿叶，用蒲

★通常情况下，幼虫做一件外套，用母虫的旧衣服就足够了。

公英的白毛做外套。

法布尔的实验

法布尔准备好蒲公英的枯茎碎片。幼虫从这种材料中收集蒲公英根茎里的棉丝，做成华丽的外套。

★这种蒲公英的毛长得很粗，它一般生长在有小石子的土地上。

插画计划场景：

- 雄蛾与雌蛾相亲的场面
- 雌蛾的出口
- 产卵的开口
- 幼虫出生后的出口

昆虫在特定时期做特定的事，错过了就不能重来。蓑蛾曾经是非常能干的木匠，现在已经把木工手艺全部忘了，一无是处。

24

【小花蜂】条纹小花蜂

——一百多只花蜂聚居在一起，形成村落

※（条纹小花蜂 / *Halictus scabiosae*）

【膜翅目（蜂类）小花蜂科条纹小花蜂属 / 体长 12 ~ 16mm】

小花蜂是蜜蜂的近亲，身体比蜜蜂略细。小花蜂的大小、颜色因种类不同而不同。有的小花蜂比黑胡蜂大，有的和家蝇差不多大，还有更小的小花蜂。

如果从小花蜂背部观察腹尖最后一节，可以看到一条细小的竖沟，平滑而且发亮。这条细沟里有一根刺，可以伸缩，用来保护自己。这是小花蜂的特征。条纹小花蜂的身体很长，上面有黑色和红褐色的条纹，看上去很苗条。条纹小花蜂身体较大，和欧洲胡蜂差不多（体长十三毫米）。

九月，小花蜂在花上举行婚礼。两周之后，雄蜂飞走（已经完成了任务），只留下雌蜂。雌蜂不在以前的旧巢越冬，而是搬到日照充足的墙壁缝隙里，或是其他什么地方，等待春天来临。二月里的一天，可以在扁桃花上看到无数欧洲切叶蜂、小花蜂。四月，小花蜂从各处飞回来，开始筑巢。

修筑巢穴

每年春天（四月），小花蜂选择坚固不易碎的小石块和红色粘土混杂的土地筑巢。筑巢时，小花蜂不是一只只相距很远，而是经常一百多只聚在一起，建成村落。虽然小花蜂们选择筑巢的地方在一起，但是巢穴是各自分开的，它们自己只干自己的活。小花蜂虽然有聚

三月末到四月
挖洞
如果主人以外的家伙进入巢穴，肯定要倒霉。

上：采集雏菊花蜜

下：巢穴看门人

右：地下的幼虫时代

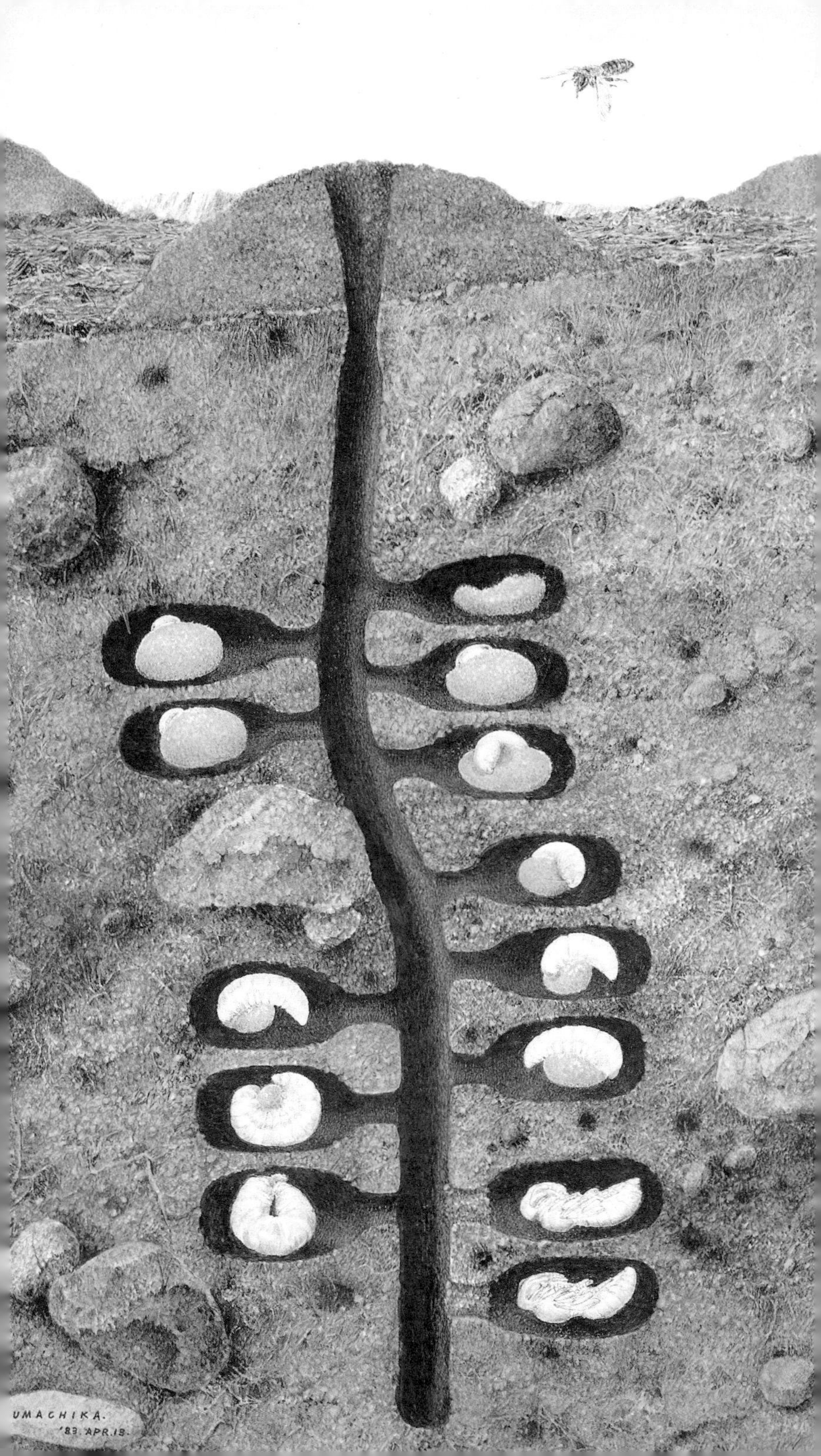
UMACHIKA.
'83 APR.18

在一起筑巢的习惯，但是邻居之间不会相互帮忙。可以看出，小花蜂还处于社会化的初始阶段。小花蜂相互之间的关系很好。

小花蜂把多余的土堆在洞口，比蚂蚁巢穴的土山略高、略窄。地上布满了火山口一样的东西。小花蜂在洞穴里干活，地面很安静。有时，火山口附近摇晃一下，有土扔出来。小花蜂不出来，只是在洞口把土抛出来。

巢穴

进入五月，小花蜂停止挖洞，开始专心采集花蜜。飞回巢穴的时候，小花蜂紧贴地面飞行，后足小腿上沾满黄色的花粉。小花蜂先在土堆顶上稍事休息，然后倒退着进入育婴房。进入育婴房之后，小花蜂先抖落腿上的花粉，然后调转方向，向花粉上吐蜂蜜。接着，又飞出巢穴去访花。母蜂把收集到的花粉和蜂蜜搅拌揉搓，做成豌豆大小的面包。

进入巢穴，首先是笔直的洞穴。如果土里有石块，洞穴就会拐弯绕过去。洞穴深约二十三厘米（非常深，是小花蜂身体的二十倍），洞穴里的育婴房分布在不同的高度，互相交错。育婴房长约二厘米，呈卵状。

记住巢穴

小花蜂飞离巢穴的时候，会记住巢穴和周围的地方。小花蜂的记忆力很强，不会忘记。母蜂修筑的巢是所有兄弟姐妹的财产。小花蜂一年出生两批，春天出生的全部是雌蜂，夏天出生的全部是雄蜂，出生的雄蜂数量和雌蜂相同。不是所有的小花蜂都能长大，能存活十只左右。这些小花蜂共同使用一个巢穴。

★花开的季节，小花蜂可以采花的植物有西洋蒲公英、半日花（很像日本的三蕊沟繁缕）、菊叶委陵菜（很像蛇莓，开黄花）、雏菊等。

法布尔的想法

土堆形成之后，在洞口附近插上芦苇枝当旗子做标记。

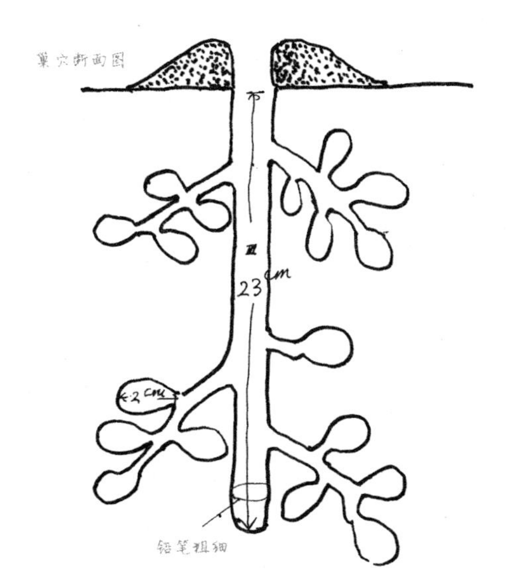

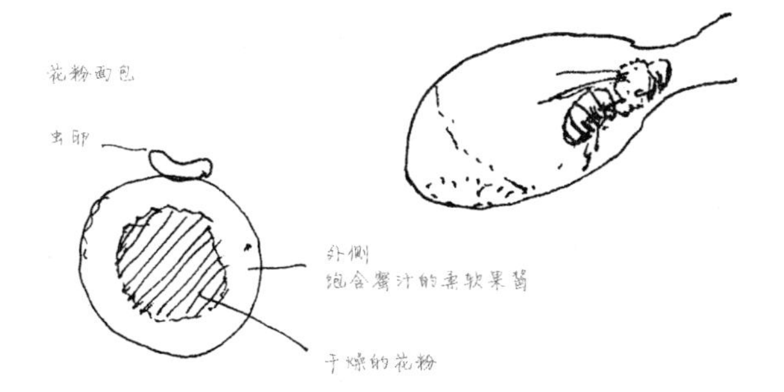

巢穴门口的盖子

巢穴门口的盖子可以活动。看门的小花蜂以前是一只母蜂，这时身体已经衰弱了，所以才来看门。有些虫子像蚂蚁、白纹切叶蜂、寄生蝇，它们对巢穴心怀不轨，看门的小花蜂就把它们赶走。

无家小花蜂

七月，年轻的小花蜂四处忙碌。这时，有一只小花蜂一个巢穴一个巢穴地乱转。春天的时候，这只小花蜂（母蜂）的孩子都被寄生蝇杀害了，自己成了无家可归的老年小花蜂。有些时候，可以看到这只小花蜂和其他看门的老年小花蜂在洞口吵架。

育婴房

育婴房形状很像古希腊的壶，房间入口像壶颈一样短。房间入口形状如同一个躺倒的小酒筒，连接洞穴通道。房间四壁打磨得非常光滑，墙上竖排着菱形图案（这是最后完工时，小花蜂舔出来的花纹）。没有食物的房间墙壁有些凹陷。

产下的蜂卵横躺在母蜂制作的面包上，形状像一个细长的弓。房间入口没有封闭，一直

★巢穴的墙壁凹凸不平（步行通道）。

★房间入口跟铅笔差不多粗。

★持续供食：小花蜂和蜜蜂分几次给幼虫补充食物。

敞开着。母蜂可以自由进出，补充食物。等孩子变成蛹之后，母蜂就会把入口封死。

插画计划场景：

· 五月，在花草上飞舞的小花蜂

· 巢穴断面图

巢穴中的生活

· 筑巢场景

为育婴房收集花粉

· 巢穴门口的盖子

“看门人”和无家小花蜂的故事

25 【筒花蜂】三角切叶蜂

——悬钩子的茎是最好的家

※（别称：三角筒花蜂／Osmia tricornis）

【膜翅目（蜂类）切叶蜂科筒花蜂属／体长，雌蜂8～12mm，雄蜂5～10mm】

★现在称为筒花蜂。

悬钩子篱笆的枝条长得太长，人们就会把它们的茎剪掉，留下五六厘米长的根。剪下的茎很快枯萎，这些枝条招来无数花蜂。枝条干枯之后，从根部不会再有树液供给。茎变干之后，可以成为花蜂非常舒适的家。茎内有柔软干燥的芯，对花蜂和狩猎蜂来说，只要找到符合身体大小的茎，悬钩子的茎就是最好的家。

家的制作方式

家的材料是悬钩子的茎（干枯的茎）。有本事的花蜂抽掉干枯的茎芯，做出一个长五厘米的管状通道。然后把通道分割成（几个）幼虫房间。没有本事的花蜂只能凑合使用其他花蜂用过的旧巢。花蜂先清理掉巢中残余的茧和芯的碎屑，把巢内打扫干净。然后用粘土块和石块的粉粒与唾液搅拌，制成混凝土。最后做墙和隔断。每个隔断的厚度都不一样。

居住在悬钩子茎内的花蜂有一个麻烦的敌人，那就是寄生蜂。这种蜂既没有巢也不采集食物，还偷偷潜入其他花蜂的房屋产卵。

三角切叶蜂的房间制作方式

三角切叶蜂筑巢的规模最大，做工也精细。七月，经常可以看到切叶蜂在悬钩子枝条旁摆开架势，咬住茎内的芯往外扔。通道达到

★用悬钩子筑巢的其他蜂类：拟长腰穴蜂是一种很像长腰穴蜂的小花蜂，它们捕捉蜘蛛放在育婴房里。房间简单地用薄薄的粘土隔断分隔开来，大小不一。有的房间长一厘米，有的大房间长达六厘米。

一定深度之后，切叶蜂就钻入其中。清除茎的内壁，把碎屑搬到外面扔掉。

挖好洞穴后，切叶蜂就用花粉和蜂蜜揉制小团子（像面包），然后在上面产卵。最后做一道隔断，封闭小房间。

第一个房间在枝条的最里面，最后的房间在出口处。房间大约长一点五厘米，每个房间都单独隔开。做隔断用的材料是从悬钩子上撕下的碎屑与唾液的混合物，类似法国馅饼。做隔断也用茎内残留的芯。如果悬钩子的茎足够长，又没有节，切叶蜂可以做出大约十五个小房间。切叶蜂有时也使用蜗牛壳筑巢，也会使用涂壁花蜂或条纹花蜂筑巢用的旧材料。

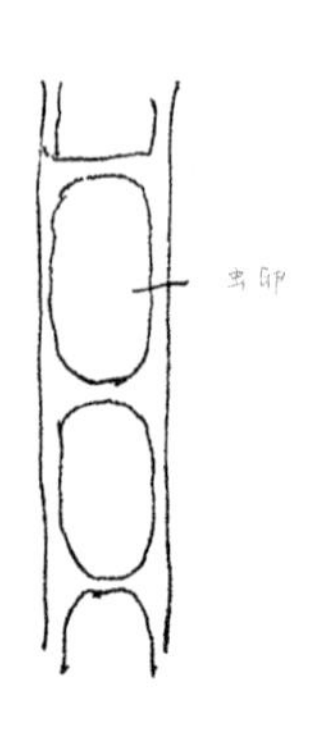

茧

最旧的房间在茎的最里面（最初修筑的房间），最新的房间在靠近出口的地方（最后修筑的房间）。这就是说，最年长的孩子的房间在最下面，最年幼的孩子的房间在最上面。每个房间只要一个茧就填满了。

孩子长到足够大的时候，不分上下先后，捅破虫茧出来。接着捅破自己上面的隔断，往上爬。或者打开一个横洞出去。许多虫卵像念珠一样排列在悬钩子的茎内，它们既不全是雄虫卵，也不全是雌虫卵。有的时候，雄虫卵和雌虫卵分开排放，有的时候排放在一起。所有

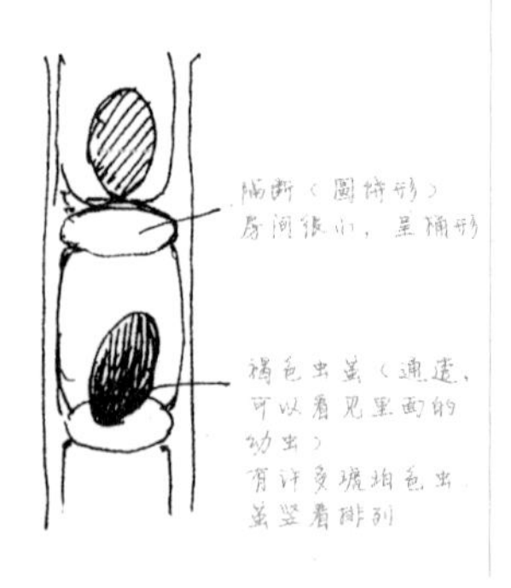

的蜂类都是雄虫比雌虫更早从茧里出来。例如三角切叶蜂，雄蜂就比雌蜂早一个星期羽化成虫。

插画计划场景：

- 切叶蜂——停留在杏树花上
- 在悬钩子的茎内筑巢的切叶蜂
- 从茎内向外搬运碎屑
- 茎内房间的结构以及生活

采蜜蜂的同类

三角切叶蜂、尖角切叶蜂、黄脸花蜂、黄茜切叶蜂、欧洲姬花蜂、长须花蜂、黑嘴花蜂、宽肩花蜂、北青花蜂

猎户蜂的同类

大土蜂、石土蜂、细穴蜂、仿欧细腰蜂、琵琶胡蜂的一种、海豚泥蜂

寄生蜂的同类

翘尾小蜂类、细腰蜂类、长尾蜂类

26

【虻】雪斑长吻虻

——敌人巧妙地潜伏进来

※（别称：三条长吻虻／Anthrax trifasciata）

【双翅目（蝇、虻类）虻科长吻虻属／体长6～11mm】

敌人巧妙潜入

涂壁花蜂喜欢在河边的石块上筑巢。花蜂从采石场收集来细小的石灰岩粉，然后用唾沫搅拌，在石块上筑巢。从外面看，蜂巢很像混凝土做成的圆屋顶。只要用坚硬的东西在石块上敲一敲，就能把蜂巢整个摘下来。把圆屋顶反过来，可以看到蜂巢底部有莲蓬一样的小孔。这些小孔就是涂壁花蜂幼虫住的小房间。小房间里有一个洋葱皮似的半透明的茧，这个茧好像是用琥珀色的绸缎做成的。

法布尔的实验

法布尔用剪刀剪开房间之间的薄膜，发现一个茧里有两只幼虫。一只是涂壁花蜂的幼虫，身体颜色已经消褪。另一只幼虫神气活泼。另外一个茧里有一只干瘪的幼虫，幼虫身边有几只蛆虫在爬行蠕动。

七月的夏日，涂壁花蜂吃饱了花蜜和花粉丸子，长得胖胖的。随后，涂壁花蜂用茧把肥胖的身体裹起来睡觉。这种花蜂的蜂巢有非常厚实的泥壁，但是敌人却巧妙地潜伏进来，吃掉了涂壁花蜂的幼虫。这个“坏蛋”就是雪斑长吻虻的幼虫，另一个“坏蛋”是翘尾蜂的幼虫。如果涂壁花蜂的幼虫腹内只有一只蛆虫，那就是雪斑长吻虻的幼虫；如果涂壁花蜂的幼虫腹内有二十多只蛆虫，那就是翘尾蜂的幼虫。雪斑长吻虻的幼虫身体光溜溜的。因为是蝇类蛆虫，所以它们没有脚也没有眼睛，身体呈奶白色，弯曲成“V”字形。

雪斑长吻虻的幼虫

这些蛆虫的猎物是涂壁花蜂的幼虫，它们可以快速地反复靠近和离开猎物，其他幼虫没有这种吃食本领。这种幼虫的口是用来吸食猎物的

（有吸孔）。涂壁花蜂的幼虫由于是被吸干的，所以身体一天比一天消瘦干瘪。雪斑长吻虻的幼虫不用咬洞，而是直接通过皮肤，吸食花蜂幼虫体内的汁液。

蛹的工作

七月里，雪斑长吻虻的幼虫用十五天时间吃掉了涂壁花蜂的幼虫，然后在干瘪的花蜂幼虫旁边休息，等待来年春天。雪斑长吻虻的幼虫五月蜕皮，变成褐色的蛹。到了五月末，蛹变成美丽的黑色。这个时候，蛹开始准备出口。雪斑长吻虻的幼虫不会老实坐等蛹破的时刻（其他种类的幼虫蜷缩在茧里静等），开始为出逃做工作。

雪斑长吻虻的幼虫首先把身体弯成弓形，然后向上跳起。跳起的时候，身体猛然伸直，用头部的利器猛击泥壁。这样反复多次，蛹在泥壁上打开一个出口。

打开外出的洞口之后，幼虫先将头和胸伸出去。然后，幼虫利用狭窄的洞口支撑身体，聚集体力，随时准备飞向空中。不一会儿，蛹的头部横向裂开一道口子，接着纵向裂开一道口子，蛹从头到胸裂开一道十字。成虫出来的时候，身体还是湿漉漉的，不过它的翅膀很快就干了。成虫把蛹壳留在洞内，展翅飞走了。

插画计划场景：

- 争夺涂壁花蜂的旧巢
- 长吻虻幼虫变成蛹
- 长吻虻飞离蛹壳

虻的幼虫和蛹
（天鹅绒虻幼虫和穹景虻幼虫几乎一样）

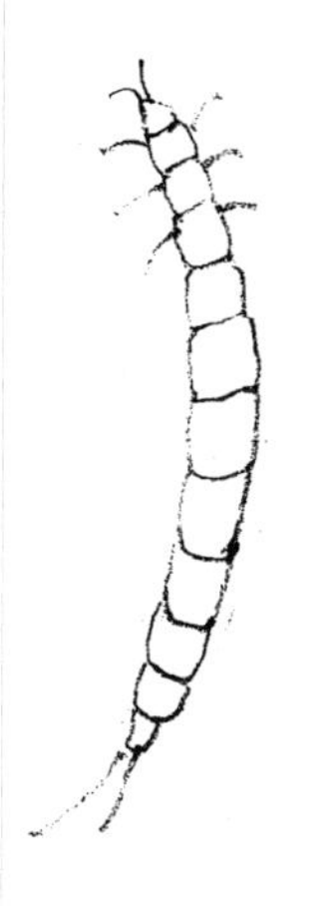

小幼虫

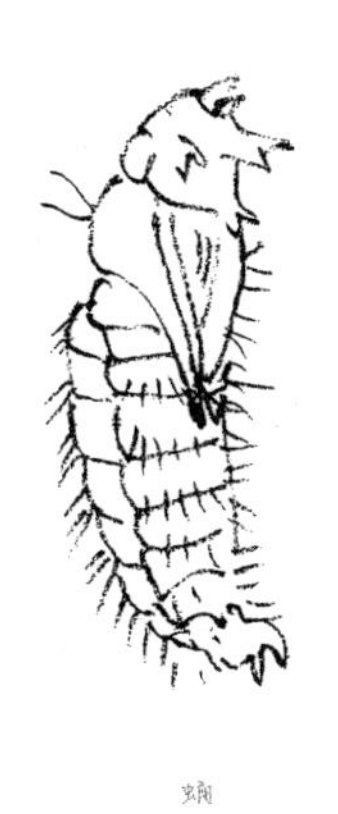

27

【蝇】深山黑蝇

——干完活，第二天就死去

※（深山黑蝇／Calliphora vomitoria）

【双翅目（蝇、虻类）黑蝇科大黑蝇属／体长 8 ~ 12mm】

黑蝇的胸部呈灰黑色，腹部是鲜亮的蓝色，很胖。从秋天到初冬，天气还没有冷的时候，黑蝇来到人的住家周围（在日本，也是同一时候，很多黑蝇飞到八角金盆花上）。到了四月，大批黑蝇飞到欧洲深山忍冬（和日本作篱笆用的珊瑚树和忍冬属同一类）的花上。夏天，黑蝇在花丛中飞舞，很少来人家。秋天气温下降，才进入人类居室。

法布尔用小鸟尸体做实验

法布尔做实验用的小鸟是红胸燕雀。最初黑蝇先检查小鸟尸体，开始物色产卵的地方。过了两天，黑蝇在小鸟凹陷的眼球旁产卵。黑蝇产卵的腹尖呈直角弯曲，黑蝇把腹尖刺进小鸟的喙根附近，持续产卵三十分钟，然后休息一会儿。休息一会儿之后，再接着产卵。休息的时候，黑蝇一会儿磨蹭左右后足，一会儿用脚仔细摩擦腹尖。大约两个小时，产卵工作结束。产后的黑蝇第二天就会死去。虫卵需要两天时间孵化成幼虫。黑蝇没有产卵管，它的腹部最顶上的那一节犹如一根细长的管子，可以像望远镜筒一样自由伸缩。

法布尔的实验

法布尔把几块肉放进小瓶中，然后用各种颜色的纸，还有银色的纸盖住瓶口。不管用哪种颜色的盖子，雌蝇都不产卵。但是，如果在盖子上切一个小口，黑蝇肯定在那里产卵。法布尔发现颜色和光亮对产卵没有影响。

蛆虫生活在尸体中，进入蛹期，蛆虫就放弃舒适的房子，潜入地下。蛆虫会挖一个手掌深（大约六厘米）的洞。在洞中，蛆虫皮肤变硬，把蛹包裹起来。蛹的形状看上去像一个小桶（又称桶蛹）。羽化的成虫飞出地表，背上的翅膀折叠在一起，看上去很小。

★黑蝇产卵的地方不能被阳光晒。

实验

黑蝇从多深的土里爬出来？

15只	深6cm	最佳结果	14只
	12cm		4只
	20cm		2只
	60cm		1只
	湿土		
	6cm		8只
	20cm		1只

土壤情况不同，蛆虫下挖的深度也不同。

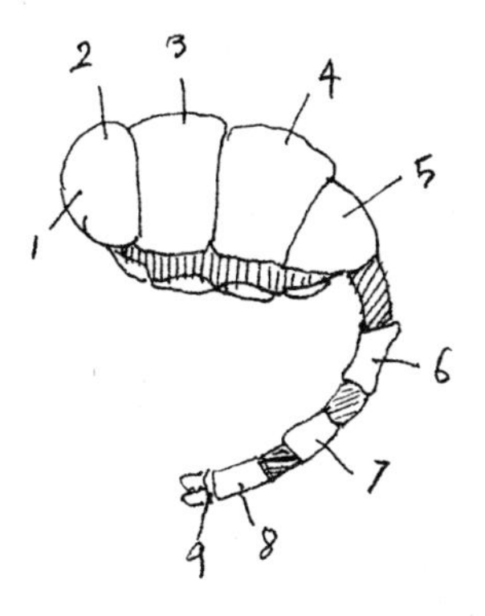

黑蝇（𧏾）腹部
第六节至第九节细长，其作用如其他昆虫的产卵管，不用的时候，收在腹部的前面。

肉蝇和黑蝇一样，它们不产卵，而是直接生出小蛆虫。

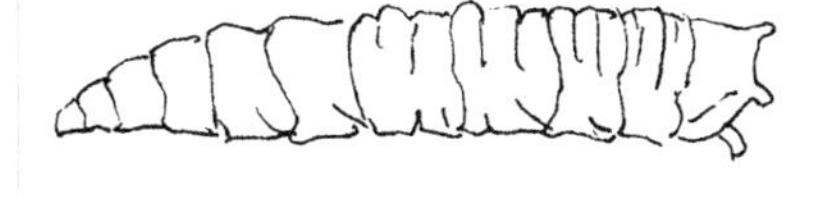

蛆虫尾部上方像一个小花瓣，可以自由闭合（类似于呼吸）。这神东西只有肉蝇才有。

28

【切叶蜂】白纹切叶蜂，提丰切叶蜂

——身体转上一圈，圆圆地切下一片叶子

※（白纹切叶蜂，提丰切叶蜂 / Megachile picicornis,Megachile albisecta）

【膜翅目（蜂类）切叶蜂科切叶蜂属 / 体长 12 ~ 14mm，13 ~ 16mm】

切叶蜂自己不挖洞，这和在悬钩子的茎内筑巢的三角切叶蜂一样。切叶蜂总是在其他地方找现成的家。这种切叶蜂的家一般选在条纹花蜂挖的洞穴，或者是天牛幼虫挖的树洞，或者是蚯蚓挖的昏暗洞穴，或者是三角切叶蜂用过的蜗牛壳，还有芦苇碎片、墙壁裂缝等地方。

切叶蜂筑巢的材料有丁香花和玫瑰花的叶子，这些叶子像是被剪刀切成了椭圆形或者圆形。如果是小叶子，大部分花叶会被切除，只保留一点根部的叶筋。切叶蜂用它的大颚切叶子，身体如同圆规一样，转上一圈，圆圆地切下一片叶子。切下的叶子放在一个特别的圆筒中，像被子一样铺开。切叶蜂用叶子做成一个针箍形状的袋子，这就是蜂巢。切叶蜂把用蜂蜜和花粉制成的“面包”放在巢里，然后在面包上产卵。

蜂巢盖子用的是圆形叶子，底部和墙壁用的是椭圆形叶子。修筑一个巢需要剪切的叶子，有时多达十二片，一般需要九片或十片左右。这种叶子围成的袋子只要用手指轻轻一按就会散掉，分成几片圆形的叶子。这些叶子连接起来，形成一根管子。管内的幼虫做茧时，身体会分泌出黏液，把叶子粘在一起，形成牢固的袋子。

★三角切叶蜂即使肚子空空，仍然继续筑巢。

白纹切叶蜂

★腹部有白色带纹。

白纹切叶蜂总是利用蚯蚓挖的洞穴筑巢。蚯蚓的洞穴一般挖在粘土成分较多的倾斜土地上。这种洞穴或竖或斜，挖得相当深，但是切叶蜂只使用入口向内二十厘米左右的部分。在制作第一个蜂蜜袋之前，母蜂用数十张切下的树叶，做成喇叭形的圆筒，在洞穴二十厘米处修起路障，堵住通道。

路障和摇篮的材料

同一棵树的树叶形状各不相同，大小各异。切叶蜂选取有棉毛且筋粗的树叶，将它们塞入洞穴。葡萄的嫩叶长满柔软的天鹅绒般的毛，半日花的叶子背面布满毛毡，宽叶栎树的嫩叶非常花哨，还有西洋山楂树叶以及稻子的同类芦苇叶等，都是白纹切叶蜂筑巢的材料。

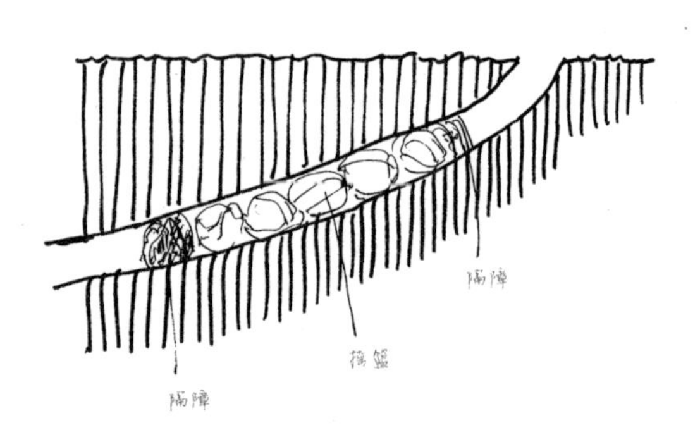

制作摇篮的材料是光滑的野蔷薇叶子（法国蔷薇不同于日本的野蔷薇），其他材料还有刺槐、洋槐树叶等。做路障需要一百多片树叶，做摇篮最多需要二十四片叶子。

提丰切叶蜂

提丰切叶蜂使用条纹花蜂用过的洞穴，有时也利用天牛幼虫在栎树上挖的洞穴。母蜂充分利用包括洞口在内的全部洞穴，把肚子里的卵全部产出来。育婴房有十七个，筑巢的材料有山楂和马甲子的叶子。切下的摇篮叶子和盖子叶子形状不一。提丰切叶蜂先放几片马甲子叶子，再放几片葡萄和山楂的叶子，接着再放悬钩子或马甲子的叶子。这种切叶蜂收集叶子很随意，其中马甲子叶子最多。其他用来采集筑巢材料的植物还有法国蔷薇、宽叶栎树、唐棣、栎树、半日花等。

切叶蜂种类不同，筑巢用的材料也不一样

（一）浅色切叶蜂（别称：长足切叶蜂）——主要选取丁香花和蔷薇的叶子，有时也用洋槐、西洋灯台树、樱树的叶子。在野地里，有些切叶蜂只用葡萄叶筑巢。（二）银色切叶蜂——筑巢使用丁香花、蔷薇的叶子，还有石榴、悬钩子、西洋灯台树等植物的叶子。（三）黑纹切叶蜂——筑巢喜欢用洋槐叶，还使用大的葡萄叶以及蔷薇、山楂、粗糙的芦苇、柳叶菜、半日花等植物的叶子。（四）黑切叶蜂——利用河边涂壁花蜂的旧巢，还利用三角切叶蜂和条纹花蜂筑巢使用过的蜗牛壳。另外，还采集法国蔷薇和山楂的叶子筑巢。（五）纱绫切叶蜂——八月中旬，纱绫切叶蜂飞到天竺葵的花上。这种切叶蜂采集的不是叶子，而是花瓣。它把花瓣切成圆形，再切上一个月牙形的口子。这种切叶蜂不计较花瓣的颜色。

法布尔的实验

法布尔为浅色切叶蜂和银色切叶蜂筑巢准备的植物有臭椿和一种叫“珍珠”的植物，还有一种是从北美洲传来的弗吉尼亚的假龙头花（日本名叫“花虎尾”）。

这两种切叶蜂一会儿剪切丁香花叶片，一会儿又去剪切臭椿叶片。它们还剪切蔷薇、假龙头花等植物的叶片。它们不会学习祖先的方法，这是法布尔通过实验发现的。另外，银色切叶蜂还用原产于墨西哥的欧当归、印度产的辣椒叶片筑巢。

29

【条纹花蜂】金毛条纹花蜂及其他条纹花蜂

——精心制作孩子的摇篮

※（别称：麻黄纹花蜂／Anthidium diadema）

【膜翅目（蜂类）切叶蜂科条纹花蜂属／体长 10 ~ 14mm】

条纹花蜂的种类很多

黄纹花蜂、南欧条纹花蜂、金毛条纹花蜂、欧洲条纹花蜂、带纹条纹花蜂，上述这些条纹花蜂自己不挖洞筑巢，都是利用其他蜂类使用过的旧巢。它们采集植物的棉毛为幼虫做巢。有些蜂类花费心思自己筑巢，但是幼虫的巢做得比较简单。相反，有些蜂类自己不筑巢，利用其他蜂类的旧巢，却精心制作巢内幼虫的“摇篮”。黄纹花蜂利用其他许多虫子挖过洞的悬钩子枝条为巢；南欧条纹花蜂体型很大，通常使用假面条纹花蜂宽大的洞穴；金毛条纹花蜂使用的是毛腿条纹花蜂的洞穴以及蚯蚓挖掘的简陋洞穴。如果没有这些洞穴，金毛条纹花蜂就使用涂壁花蜂的圆顶巢穴；欧洲条纹花蜂也使用相同的巢穴。

带纹花蜂有时和高鼻蜂一起并排筑巢。这两种蜂使用沙土中的洞穴，邻里关系和睦。带纹花蜂通常把巢修在墙缝里，或是芦苇茎内。

★熊蜂筑巢：
熊蜂用大颚挖一个深约二十厘米的洞穴。巢穴内部很简单，这一点不同于条纹花蜂。

金毛条纹花蜂筑巢

金毛条纹花蜂在芦苇茎中修筑大小不一的几个房间。厚厚的棉毛一直塞到入口处，这种棉毛质量较差。芦苇茎长约二十厘米，直径十二毫米。茎内底端排列着大约十个幼虫的小房间，每个房间都用棉球裹着，房间之间没有隔断。整个巢像是一条长长的棉条，中间分成一个个育婴房，整体呈一根圆柱形。幼虫的房间用的是矢车菊的软毛，出入口用的是大毛蕊花（质量较差）。

各种棉毛（菊科植物居多）

矢车菊类、小蓝刺头、大蓟花（大型蓟类）、沙地鼠菊草、匙叶鼠菊草同类、薄荷（紫苏科）、连钱草、一种叫埃塞俄比亚鼠尾草的鼠尾草同类、毛蕊花（北玄参科），条纹花蜂从上述这些多毛植物采集棉毛。活的植物棉毛没有用，一定要选用干枯后的植物棉毛。

插画计划场景：

- 访花的各种条纹花蜂
- 金毛条纹花蜂修筑的（草茎中的）蜂巢断面图
- 为筑巢提供棉毛材料的植物形态（菊科植物居多）

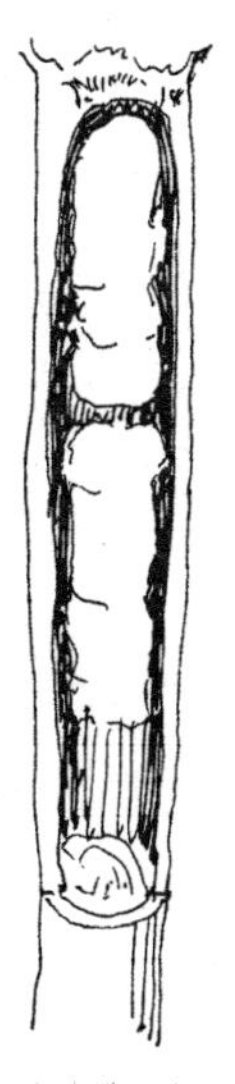

条纹花蜂巢穴断面图

30

【穴蜂】兰格道斯穴蜂

——麻醉不会使猎物腐败

※（别称：兰格道格穴蜂／Palmodes occitanicus）

【膜翅目（蜂类）穴蜂科 Palmodes 属／体长 19 ~ 24mm】

兰格道斯穴蜂的麻醉术

兰格道斯穴蜂迅猛地用大颚咬住拟蟋蟀（即短翅蟋蟀）的前胸，然后侧着身体，翘起尾巴，用针蜇拟蟋蟀的胸部。接着，穴蜂用力压住拟蟋蟀的颈部，迫使其张口，然后刺它的颈部下方。从颈部后面刺进去，就可以刺到拟蟋蟀胸部的神经球。兰格道斯穴蜂将拟蟋蟀麻醉，把它放在距离巢穴不远的地方。虽然胸部被刺了毒针，拟蟋蟀的身体还能轻微活动，但是动作不规则，只能乱动。拟蟋蟀的脚不能站立，它只能侧躺或者仰躺。拟蟋蟀时不时抖动一下长触角，张口、闭口，用平时一样的力量咬东西。拟蟋蟀的腹部剧烈抖动，输卵管收到腹下，紧紧地贴着腹部。手足还能动弹，但是软弱无力，中足比其他足麻痹得更厉害。如果麻醉失效，猎物挣扎起来，兰格道斯穴蜂就骑到猎物身上，然后扯开拟蟋蟀颈上的薄翅，用大颚压住它的颈部，但不会伤害猎物的身体。兰格道斯穴蜂抓住猎物的头盖骨，把头向下压，猎物就无法动弹了。

穴蜂的麻醉不会使猎物腐烂，十天之后也能吃到鲜活的猎物。

法布尔的实验

法布尔发现一只兰格道斯穴蜂正在搬运拟

★兰格道斯穴蜂的家：
和短翅穴蜂不同，兰格道斯穴蜂不结群，而是各自单独生活。

蟋蟀。（为了看兰格道斯穴蜂实施麻醉）在穴蜂进入洞穴之前，法布尔调换了一只新的拟蟋蟀。首先，法布尔用剪刀把原来的拟蟋蟀的触角剪断。穴蜂感到一下子轻了许多，就停了下来。法布尔马上在它面前换上另外一只拟蟋蟀，但是穴蜂反复查看之后，就离开了。实验失败！原来，兰格道斯穴蜂喜欢的拟蟋蟀，都是肚子里有卵的雌蟋蟀，因此，它不要法布尔给的新猎物（实验用的是雄蟋蟀）。

本能的力量

母蜂将拟蟋蟀麻醉之后，把它扔给幼虫。兰格道斯穴蜂幼虫啃食猎物的样子很像一寸法师。啃食巨大的猎物的时候，幼虫一点也不感到害怕，这都是因为母蜂把卵产在了最安全的地方。这个地方就在拟蟋蟀的后足根部。巢穴里，拟蟋蟀仰面躺着，只能抽筋挣扎，手足想抓住墙壁，但是房间很宽，根本够不到。拟蟋蟀踢不到幼虫，也咬不着幼虫。幼虫不用担心被拟蟋蟀的触角和产卵管弹飞，安心地贴在拟蟋蟀的身上吃它。

法布尔的实验

法布尔准备了两只健壮的虫子（不给它们食物）。一只放在暗处，第五天就死掉了。另一只放在明处，第四天就死掉了。但是，把麻醉后的虫子放在暗处十七天，虫子还能活动触角。麻醉了的虫子寿命比健壮的虫子长四倍。

插画计划场景：

- 在葡萄叶上晒日光浴
- 捕捉拟蟋蟀
- 巢穴中（拟蟋蟀和穴蜂幼虫）

31

【土栖蜂】高节瘤土栖蜂

——翅膀强壮有力

※（别称：瘤土栖蜂／Cerceris tuberculata）

【膜翅目（蜂类）蜜蜂科土栖蜂属／体长 17 ~ 25mm】

瘤土栖蜂捕食四斑象鼻虫，这是象鼻虫中体型较大的一种。

瘤土栖蜂飞行的时候，用脚紧抱象鼻虫，在距离巢穴不远处把它们放下来。然后，用强有力的大颚咬住象鼻虫，拖着它们攀登陡峭的崖壁。瘤土栖蜂抓着猎物在地表爬行，看上去很吃劲。相比之下，在空中飞行就轻松很多。象鼻虫的体型和瘤土栖蜂差不多，但是要重许多（土栖蜂重一百五十毫克，象鼻虫重二百五十毫克）。能抓着这么大的猎物飞行，瘤土栖蜂的翅膀真的强壮有力。

瘤土栖蜂不会一大群聚集在一起过社会生活，通常是十只左右在一起生活。巢穴和巢穴相距很远，有时也会靠在一起。筑巢一般选在陡峭的崖壁。

有的土栖蜂用大颚衔着小石块，从洞穴深处往外搬。有的土栖蜂用小腿上的钩状刺打磨洞穴墙壁，然后一边往后退，一边把土推到外面。推出去的细土沿着崖壁滑落，在崖面形成一道长长的泥痕。

雌蜂飞向树林的时候，守候在巢穴旁的雄蜂马上会跟上去，和雌蜂交配。有的时候，别的雄蜂也会横插一脚，两只雄蜂马上就会争斗起来。它们翻滚打转，搞得尘土飞扬，雌蜂则在一旁静观。打赢的雄蜂和雌蜂进行交配。之后，两只土栖蜂就飞走了。

雌蜂筑巢的时候，和雌蜂相同数量的雄蜂一直在巢穴周围转悠，但是它们不会飞进巢穴里。雄蜂既不工作，也不为幼虫找吃的。土栖蜂不筑新巢，只把往年的旧巢简单收拾一下当家。巢穴从父辈传给子孙，代代相传。洞穴从洞口向内二十厘米左右的部分和地面平行，再往前就会急转弯，一会儿往这个方向斜，一会儿往那个方向斜。洞穴如同迷宫，全长加起来可达五十厘米。洞穴粗细如大拇指。洞穴最深处是育婴房，房间数量不多，每个房间里有五六只猎物。

瘤土栖蜂捕猎象鼻虫的方法

土栖蜂迅速压住象鼻虫的鼻子，用前足猛踩象鼻虫的后背，迫使它伸开腹部关节。同时，土栖蜂把尾巴绕到象鼻虫的腹下。接着，土栖蜂翘起尾巴尖，将毒液注入象鼻虫体内。土栖蜂还要在象鼻虫的前足与后足之间，以及前胸中央注射毒液，总共注射两三次。

★这些是高节瘤土栖蜂（别称：瘤土栖蜂）同类的食物清单。

砂地高节瘤土栖蜂

赤足象鼻虫、高加索小象鼻虫、法国象鼻虫、粗足象鼻虫、平足象鼻虫、欧洲宽嘴象鼻虫

黄高节瘤土栖蜂

粗网宽嘴象鼻虫、黑犬象鼻虫

菲乐高节瘤土栖蜂

鼠象鼻虫、黑犬象鼻虫、赤足象鼻虫、法国象鼻虫、直截象鼻虫

三带高节瘤土栖蜂

细嘴象鼻虫、赤足象鼻虫、鼠象鼻虫

插画计划场景：

· 捕猎象鼻虫的场景

· 雄蜂在交配前决斗，雌蜂在一旁观看

· 迷宫般的巢穴断面

32

【长腰穴蜂】粗网长腰穴蜂，长毛长腰穴蜂，黑脚长腰穴蜂

——前足有刺，可以当作钩耙

※（粗网长腰穴蜂，长毛长腰穴蜂，黑脚长腰穴蜂／Podalonia hirsute,Ammop hilahydeni,Ammophila sabulosa）

【膜翅目（蜂类）穴蜂科长腰穴蜂属／体长 12 ~ 22mm、16 ~ 24mm、16 ~ 28mm】

粗网长腰穴蜂

长腰穴蜂身材苗条，腹部底端向内深陷，像是用线紧紧勒住了一样。长腰穴蜂全身通黑，只有腹部尖红中略带褐色。

长腰穴蜂选择筑巢的地方含有少量粘土和石灰成分，地面像混凝土一样很坚固。这种土既比较好挖，又不容易坍塌。小路两旁的斜坡上有许多这样的地方，光秃秃的，没有草，阳光非常充足。四月，最先可以看到粗网长腰穴蜂出现。九月至十月，可以看到黑脚长腰穴蜂、银毛长腰穴蜂、长毛长腰穴蜂。

长腰穴蜂的洞穴挖得像水井一样直。虽说像水井，却只有鹅毛管笔尖那么粗。洞穴深约五厘米，洞底是育婴房。房间只有一个，而且做工粗糙，只不过是把井底部分稍微扩大了一点。

长腰穴蜂用大颚挖洞，它的前足有刺，可以当作钩耙，把挖下来的土扫出去。有时，长腰穴蜂会咬住小石粒，从洞穴底部搬出洞穴。然后飞起来，把石粒扔在远离洞口的地方（五厘米左右的距离）。外出期间，长腰穴蜂会用石块（比洞口略大）堵住洞口。长腰穴蜂中，只有黑脚长腰穴蜂和银毛长腰穴蜂用扁平的石块作盖子，粗网长腰穴蜂不会遮盖洞口。粗网长腰穴蜂先捕捉猎物，然后就近挖洞，紧接着就把猎物埋进去，所以它不需要盖子。

长腰穴蜂捕捉青虫等蛾类幼虫（毛毛虫）。清晨，长腰穴蜂捕捉到毛毛虫，先将其麻醉，使猎物不能动弹。然后把毛毛虫拖入洞中，在它身上产卵。接着，长腰穴蜂用洞口边上的土封住洞口，飞向别处。但是，长腰穴蜂拥有神奇的能力，可以准确返回自己的洞穴。长腰穴蜂用扁平的石块封闭洞口，它能准确地记住那个小石块。长腰穴蜂先把新捉到的猎物放在一旁，然后寻找洞穴入口。

★猎物暂时放在麝香草根旁边。

★腹部比日本的长腰穴蜂大，红色部分不是一个关节，而是两个关节。

舒适的房间
KUMACHIKA.

上：修筑仓库

下：优雅的客人

粗网长腰穴蜂捕捉猎物的方法

粗网长腰穴蜂不停地翻挖草根，在土中搜寻猎物。很快，甘蓝夜盗虫就爬了出来。粗网长腰穴蜂迅速地咬住它的粗脖子，一刻也不松口，然后骑跨到它背上。甘蓝夜盗虫身体很长，长腰穴蜂从头到尾一直用毒针刺它的每一个关节。

长毛长腰穴蜂的猎物

只要是尺蠖的同类，长毛长腰穴蜂都不会放过。猎物的特点是身体很小。麻痹之后的尺蠖弯曲成一个小圆圈。长毛长腰穴蜂把这些尺蠖一个个垒起来，然后在最边上的尺蠖身上产卵。

其他长腰穴蜂只捕捉一只猎物，而长毛长腰穴蜂前后要捕捉五只猎物放进一个洞穴。因此，长毛长腰穴蜂非常忙碌，所以不能每次都把洞口盖起来。

黑脚长腰穴蜂

黑脚长腰穴蜂捕猎比自己大十五倍的毛毛虫，其中最多的是甘蓝夜盗虫。

注射：刺进毒针的地方位于毛毛虫
前胸向下第四和第五关节处。

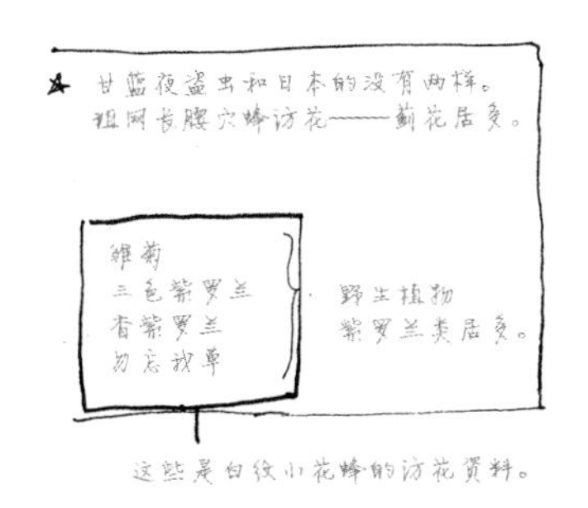

这些是白纹小花蜂的访花资料。

33

【长腰穴蜂】黄腰穴蜂

——非常怕冷

※（别称：欧洲黄腰穴蜂／Sceliphron spirifex）

【膜翅目（蜂类）穴蜂科土蜂属／体长18～29mm】

黄腰穴蜂总是飞进人家，待在火炉旁，单独生活。

黄腰穴蜂非常怕冷，喜欢生活在欧洲南部，那里太阳光照充足。即使在暖和的地方，它也喜欢室内，不喜欢室外。就是夏天，它也要待在闷热的房间里。冬天，黄腰穴蜂一定要找烧柴生火炉的人家。

这种穴蜂在炎热的七八月飞进人家。一般停留在灰黑的屋顶角落、横梁角落、火炉烟囱的装饰物上、烟囱里。火炉口向上五十厘米左右的地方是最暖和的隐蔽所。

黄腰穴蜂找到隐蔽所之后，就飞出去，然后衔着小泥球回来。筑巢的材料包括湿土、粘土、河边细土等。黄腰穴蜂把尾巴向后背翘起，用大颚抓泥土表面，最后制成一个豌豆大的小泥球。这个小泥球就是蜂巢的地基。穴蜂需要反复制作地基，因为材料全是泥，碰到水就容易烂掉。

像泥瓦匠粉刷墙面一样，黄腰穴蜂把巢穴刷成褐色和黑色。但是墙面粉刷得不平整，有些凹凸。隐蔽所的高度计算得非常精确，不会被炉火烧到。工作的时候（筑巢），黄腰穴蜂就像勇敢的水老鸭，穿过滚滚的浓烟，搬运泥球。穴蜂修好育婴房，把食物塞进去，然后把房间封死。这期间需要和烟火搏斗。

★水老鸭在瀑布后面筑巢。水老鸭返巢的时候，需要奋力冲入瀑布。

乡间的幽静和火炉的热度是黄腰穴蜂筑巢

的两个重要条件。幼虫生活一定要保持四十度左右的温度，适合筑巢的地方有温室角落、厨房屋顶、杂物间的横梁、日光照射的稻草和马草等。巢穴修好之后，穴蜂会在外面再涂抹上一层泥，让巢穴更加坚固。这项工作做得比较简单，修好的巢穴像一团难看的泥团。

蜂巢结构

蜂巢由一些小房间构成，大大小小的房间按顺序叠加起来，有的时候排成一列。蜂巢的房间最多有十五个，有的有十个，或者三四个，有的甚至只有一个。出入口越往里越大，呈圆筒形，长三厘米，最宽处一点五厘米左右。

巢穴表面用细泥涂抹，很光滑。巢上有斜纹，那是穴蜂在上面爬行时留下的痕迹。泥球和泥球之间自然粘合，看来母蜂修筑一个房间，需要搬运多次泥土。有时修筑一个房间需要搬运二十次材料。这种房间像一个长长的圆筒，圆筒水平放置，出入口正常朝上。穴蜂通过这个长长的圆筒，用小蜘蛛填满房间。黄腰穴蜂修好一个房间，就往里塞蜘蛛，产卵，封口，接着再修筑下一个房间。穴蜂重复着同一种工作，一个接一个地修筑房间。

黄腰穴蜂的食物

黄腰穴蜂的幼虫吃蜘蛛长大，吃的蜘蛛种类不限，其中吃的最多的是十字大蜘蛛。如果没有十字大蜘蛛，幼虫就吃黑蜘蛛、囊袋蜘蛛、跳蛛、姬蜘蛛、狼蛛等。黄腰穴蜂好像不喜欢吃漏斗蜘蛛。

34

【鳌甲蜂】斑纹鳌甲蜂，黄纹鳌甲蜂

——身体很小，修筑的巢穴却很雄伟

※（别称：姬鳌甲蜂，赤腰鳌甲蜂／Auplopus carbonarius,Auplopus albifrons）

【膜翅目（蜂类）鳌甲蜂科姬鳌甲蜂属／体长 7.5 ~ 10mm，8 ~ 12mm】

蝥甲蜂筑巢

蝥甲蜂体态弱小，呈黑色，仅比蚊子略大。但是，这种蜂类修筑的巢穴却很雄伟。姬蝥甲蜂筑巢选择没有雨水的地方，例如老树根下的小洞、日光照晒的墙壁上的洞、石堆下的旧蜗牛壳、天牛幼虫在栎树上啃的树洞、条纹花蜂的空巢、悬崖边上蚯蚓挖的洞穴、蝉幼虫留下的洞穴等。

蝥甲蜂的蜂巢很大，很难想象是这种小蜂修筑的巢。蜂巢非常美观，一丝不乱，就像人用辘轳做出来的一样，呈现美丽的圆形。斑纹蝥甲蜂的巢如同厨房里的小壶，中间鼓起，像一个樱桃大小的卵状瓶子。蜂巢内，一个个小房间单独建造，房间和房间之间接触很少。而黄纹蝥甲蜂的巢很像古代人用的酒杯，杯底窄小，杯口宽大。这两种蝥甲蜂的蜂巢房间内壁打磨得非常光滑，但是外面却凹凸不平。这些壶形小房间一个靠着一个，有的平行排放，有的像小山一样依次垒起来。蜂巢表面没有粉刷，雨水不会渗入巢穴（内侧）。如果被雨水淋湿，蜂巢的外侧吸水烂掉，但是内侧薄壁会保留下来。

★ 七月的茧八月羽化成虫，八月的茧九月羽化成虫。

★ 越冬之后，于第二年六月羽化成虫。

★ 一年繁殖三代。

★ 红色的巢用的是红土，里面掺杂了一些小石粒。白色或灰色的巢用的是土路上的泥土。

巢穴内部

蜂巢的小房间里堆满了小蜘蛛。最先搬进来的蜘蛛放在最下面，蜂卵就产在最下面的蜘蛛身上，幼虫按顺序从旧食物开始吃。鳌甲蜂一次性准备许多食物（一次性供食）。蜂卵呈白色圆筒状，有点弯曲（长三毫米，宽一毫米）。鳌甲蜂把卵产在蜘蛛腹部底端靠边的地方。幼虫吃完蜘蛛就开始做茧。茧最初像一个纯白的丝织薄袋，最后会变得很结实。幼虫从体内排出一种蜡涂在茧上。茧的颜色像洋葱的薄皮一样呈褐色。

★鳌甲蜂也叫蛛蜂。

捕猎蜘蛛的方法

鳌甲蜂擅长捕猎蜘蛛。鳌甲蜂先激怒蜘蛛，让它抬起前足，张开毒牙，随即迅速飞进蜘蛛的毒牙之间，用毒针刺倒对手。用这种方法，鳌甲蜂可以制服比自己大好几倍的蜘蛛。黄腰穴蜂也喜欢捕食蜘蛛，但是没有鳌甲蜂这样灵巧。所以黄腰穴蜂轻易不敢捕猎大蜘蛛，只捕捉一些小蜘蛛。

每个蜂巢房间存放的蜘蛛数量依房间大小而定。多的房间有十二只蜘蛛，少的有五六只，平均有八只左右。黄腰穴蜂捕猎的方法很简单，它飞到逃窜的蜘蛛身上，牢牢抓住它并飞走。这种捕猎方法不需要进行麻醉，只需直接杀死蜘蛛。

插画计划场景：

- 鳌甲蜂咬住毒蜘蛛的腿、返回巢穴
- 鳌甲蜂与毒蜘蛛决斗

35 【穴蜂】黄翅穴蜂

——为什么调查巢穴内部

※（黄翅穴蜂／Sphex funerarius）

【膜翅目（蜂类）穴蜂科穴蜂属／体长16～26mm】

黄翅穴蜂喜欢选择路边的悬崖筑巢，这里的沙地易于挖掘，日照又好。如果穴蜂成群筑巢，它们不会选择泥堆，而是选择相对平坦的地面，例如，沙地杂草和蓬草覆盖的微微凸凹的地面，或者是有草根的褶皱地面等。穴蜂喜欢地面的褶皱处。

巢穴内的幼虫房间比巢穴通道略微粗一点，呈长长的椭圆形，与地面平行。洞壁表面没有粉刷，但是非常平滑。巢穴修好之后，母蜂就忙着搬运食物，产卵。做完这些工作，母蜂就把堆积在洞口的泥土填进洞穴的入口，清除掉所有工作留下的痕迹。一只穴蜂大约产三十粒卵，所以需要挖掘大约十个巢穴。这项工作九月初开始，到月底结束。黄翅穴蜂不会重复使用母辈的巢穴。黄翅穴蜂产完所有的卵，又开始过起悠闲的生活，在花丛中飞来飞去，采食花蜜。这种生活一直持续到寒冬来临，母蜂才结束自己的一生。

第二年七月底，长大的穴蜂破茧而出，离开地下的摇篮，飞向天空。整个八月，穴蜂都在罗兰蓟花丛中飞舞，采食花蜜生活。九月初，穴蜂进入繁忙的工作期，又是挖洞，又是捕猎。黄翅穴蜂一般十到二十只（或者更多）在一起挖掘洞穴。穴蜂用前足和大颚挖土，推开小石子，一边发出嗡嗡的声音一边挖掘。当洞穴大到可以容纳穴蜂身体的时候，穴蜂就一边向前挖掘，一边向后抛土，像上了发条一样勤奋工作。穴蜂工作一会儿，就四周环顾一下巢穴。五六个小时之后，巢穴完工。

宽阔的道路边上堆积着小土山，穴蜂正在圆锥形的小山上修筑巢群。整个土山变成了蜂巢，蜂巢里面像海绵一般。穴蜂匆匆忙忙地跑来跑去。有一只穴蜂咬着蟋蟀的触角，正在用劲拖。

为什么调查巢穴内部?

黄翅穴蜂拖着猎物来到洞口，先把猎物放下，然后潜入洞穴，很快又钻出来。黄翅穴蜂这样做，是为了查看洞内有没有黑穴蜂这类盗贼。

上：修筑巢穴

下：小猎人

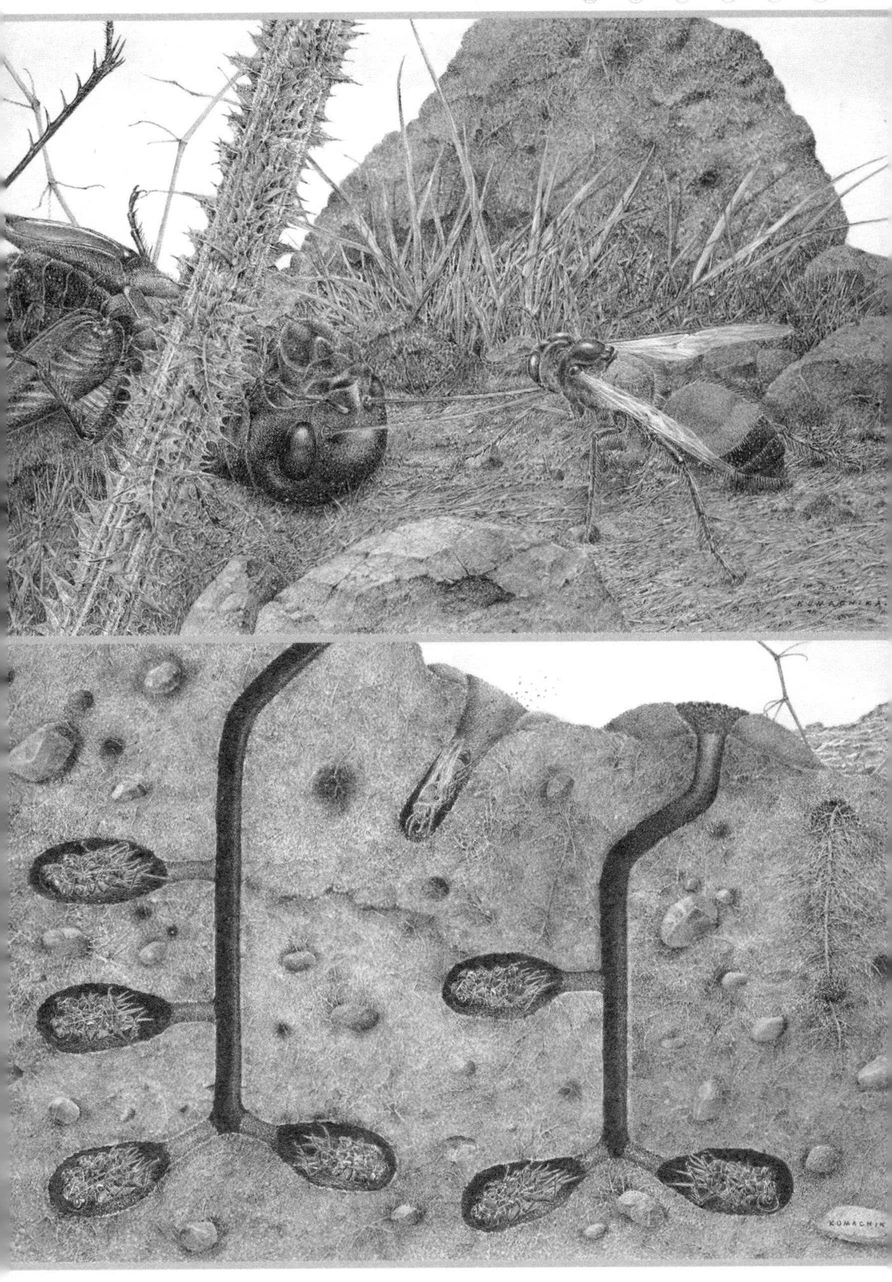

上：往巢穴内搬运猎物
下：黄翅穴蜂的公寓

筑巢的时候，黑穴蜂混在黄翅穴蜂里，慢悠悠地干活。黄翅穴蜂捕捉蟋蟀回来，黑穴蜂就把卵产在猎物身上。黑穴蜂很小，不足黄翅穴蜂的一半大小。

捕猎蟋蟀

经过一番格斗，蟋蟀被黄翅穴蜂打倒，仰躺在地面上。这时，黄翅穴蜂把蟋蟀掉转一个方向，蟋蟀的尾巴正对穴蜂的头。穴蜂用大颚咬住蟋蟀的两根尾毛，前足压住蟋蟀粗壮的后足，同时用中足夹紧蟋蟀腹部。接着，黄翅穴蜂用后足顶住蟋蟀的头，迫使蟋蟀伸开颈部关节。接下来，穴蜂弯曲腹部，对准蟋蟀颈部刺下毒针。接着又在蟋蟀的胸部关节处刺下第二针，在蟋蟀腹部刺下第三针。这一系列动作完成得干净利落。之后，蟋蟀处于麻痹状态，继续存活一个半月。

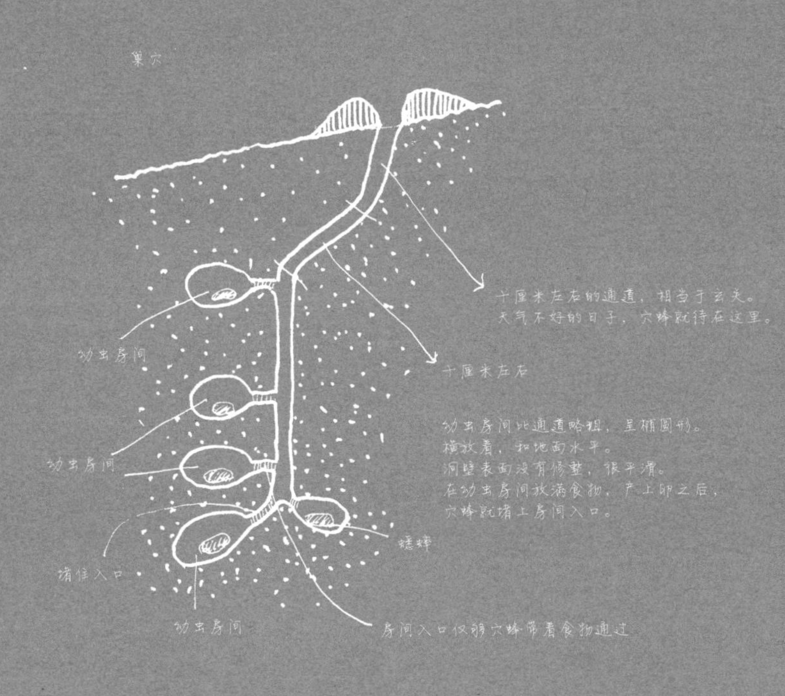
巢穴
十厘米左右的通道，相当于玄关。
天气不好的日子，穴蜂就待在这里。
十厘米左右
幼虫房间比通道略粗，呈椭圆形。
横放着，和地面水平。
洞壁表面没有修整，很平滑。
在幼虫房间放满食物，产上卵之后，
穴蜂就堵上房间入口。
幼虫房间
幼虫房间
蟋蟀
堵住入口
幼虫房间
房间入口仅够穴蜂带着食物通过

36 【金环胡蜂】欧洲黑金环胡蜂

——蜂巢用纸做成

※（欧洲黑金环胡蜂／Vespula germanica）

【膜翅目（蜂类）金环胡蜂科黑金环胡蜂属／体长 10 ~ 18mm】

欧洲黑金环胡蜂的形状和大小与日本的金环胡蜂相似，它的特点是身体呈现的黄色更明显，但是体型较小。

蜂巢

金环胡蜂的蜂巢通常是漂亮的球形。蜂巢修在有石块的土里，如果石块碍事，蜂巢就会变形。蜂巢是用纸做成的，这种纸很薄，呈灰色，富有韧性。根据材料的不同，纸上会有细纹或者斑点。纸的形状如同鱼鳞，蜂巢壁就是这些纸重叠而成的。整个蜂巢摸上去像厚厚的海绵，保温效果很好。金环胡蜂的纸质蜂巢与巢穴墙壁之间，有手掌宽的空隙。胡蜂利用这些空隙移动，修筑和修补蜂巢。巢穴向外有一条隧道，隧道将蜂巢与外界相连。

蜂巢下方的空间

蜂巢下方有一块宽阔的空间，呈圆形，如同洗脸盆的底。如果用地上的东西作比喻，就好比一块空地。这个空间很大，可以用来增加新房间，把蜂巢做大。同时，这里也是一个垃圾场。蜂巢里的垃圾掉下来，全都堆积在这里。这里就像一间大地下室。

清理挖出来的土

一千到两千只的工蜂用嘴衔着土块飞到洞外，四处乱扔。

插画计划场景：

- 胡蜂筑巢时的动作
- 搬运泥块的胡蜂（特写）
- 展示蜂巢断面图

胡蜂的生活、构造等

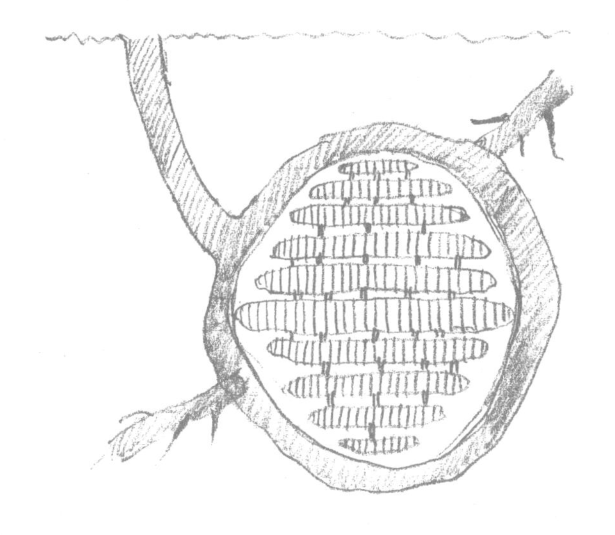

胡蜂蜂巢是如何排列的？

層數（从上往下）	直径（厘米）	房间数
1	10	300
2	16	600
3	20	2000
4	24	2200
5	25	2300
6	26	1300
7	24	1200
8	23	1000
9	20	700
10	13	300
		11900

一个房间培育三只幼虫。

37 【土蜂】庭院土蜂，双条土蜂，背纹土蜂

——法国蜂类中最强、最大的一种

※（庭院土蜂，双条土蜂，背纹土蜂／Scolia flavifrons,Scolia hirta,Scolia quadripunctata）

【膜翅目（蜂类）土蜂科土蜂属／体长20～40mm，12～27mm，9～15mm】

土蜂是法国蜂类中最强、最大的一种。

庭院土蜂身长四厘米（日本土蜂中的长腰土蜂身长三厘米），翅膀展开，直径可达十厘米。庭院土蜂虽然很大，但是很温和，动作迟缓。如果它停在蓟花上，用手就可以捉住。土蜂的刺不是用来战斗的（仅仅用来麻醉猎物），而是用来工作的。雄性土蜂完全不插手筑巢工作，它们长着细长的触角，身上的花纹也比雌蜂漂亮。

红毛土蜂的体型和庭院土蜂一样大，它的腹部底端长着刷子一样的红褐色绒毛，腿很粗，上面倒长着许多硬毛。

背纹土蜂生活在沙地丘陵，体型小，数量多。

九月左右，双条土蜂飞到庭院角落，停在落满枯叶的堆肥上。双条土蜂比其他土蜂体型小，飞得轻快。它们紧贴地面飞行，偶尔停在地上，用触角搜寻沙土。这些都是雄性土蜂，它们焦急搜寻的是雌蜂。雌蜂在地下，即将破茧而出。

★雌蜂茧长二十六毫米，宽十一毫米。

★雄蜂茧长十七毫米，宽七毫米。

结婚典礼

雌蜂出土之后飞向天空，它们的身后随即就有几只雄蜂跟来。出土后的雌蜂很快被三四只雄蜂包围起来，雄蜂们开始争夺雌蜂的战斗。

在雌蜂出来的地面浅浅地挖掘一下，可以发现刚被咬破的茧，还有幼虫吃剩下的猎物（金龟子幼虫）残片。土蜂的巢穴既没有出入口，也没有通道。土蜂只是钻进钻出，一头钻进土里，然后再从土里钻出来。它们在土中四处乱钻。在地表可以看到隆起的土堆像一根根起伏的筋，这是雌蜂在土里寻找金龟子的幼虫。到了八月底产卵的季节，雌蜂就像土拨鼠一样，在地下钻来钻去，寻找金龟子幼虫。

土蜂捕食的甲虫（翻土发现的甲虫）

土蜂捕食长须金龟、焦耳丽金龟、金龟子的蛹。猎物中还有死去的金龟子成虫，偶尔也有活着的金龟子成虫。

在猎物身上产卵之前

土蜂首先咬住猎物（花潜金龟幼虫）的颈部。这时，幼虫把身体卷曲起来，土蜂就从幼虫的关节处刺进一针。幼虫的神经马上停止活动，像坏掉的发条一样松软下来，仰躺在地上。然后，土蜂在幼虫腹部产卵。产完卵之后，土蜂又飞出去，继续寻找新的猎物。

★背纹土蜂捕食长须金龟的幼虫。双条土蜂捕食金花潜金龟的幼虫和蛹。

土蜂幼虫从卵里孵化出来之后，不停地吃花潜金龟的幼虫。土蜂幼虫把一半身体伸进猎物体内，在结茧之前都不会出来，一直这样吃。所以，土蜂幼虫的体型很长时间都像一个前细后粗的花瓶。

结茧

幼虫首先选择结茧的地方有屋顶、地板或者墙壁。然后用粗糙的红色丝线做一个底座。幼虫二十四小时就可以做好虫茧。虫茧最初是深红褐色，过了一段时间就会变成暗褐色。虫茧呈椭圆形，椭圆形的茧两端形状一样。前端按一下会凹陷下去，后端不会凹陷。虫茧有两层。

土蜂破茧而出变为成虫是在七月初。土蜂不会用力挤破虫茧，所以虫茧上没有裂纹。在靠近虫茧顶端的地方，有一个小圆口，土蜂就是从这个圆口出来的。

圆口非常整齐，这里是虫茧的盖子。从里面轻轻一顶，盖子就会打开。

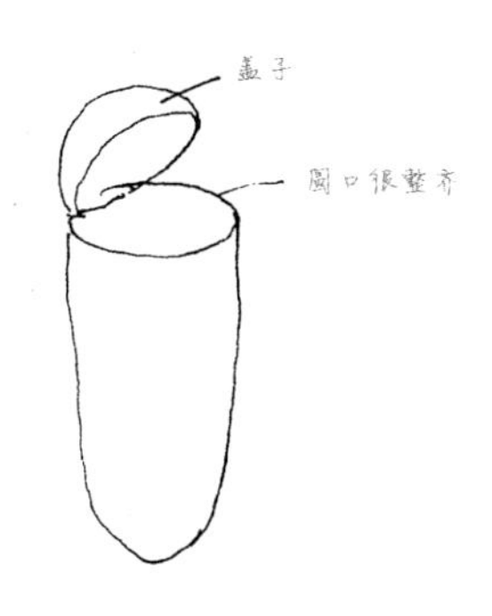

插画计划场景：

- 在蓟花丛中飞舞的土蜂同类（两三种）
- 雄蜂在地面搜寻，结婚
- 母蜂在土里寻找花潜金龟的幼虫

  母蜂用针刺花潜金龟的幼虫
- 从茧里出来的成虫（茧的结构）

38

【高鼻蜂】高鼻蜂

——巢穴附近的地面上埋伏着小苍蝇

※（别称：欧洲高鼻蜂／Bembix rostrata）

【膜翅目（蜂类）蜜蜂科高鼻蜂属 Bembix／体长 17 ～ 24mm】

高鼻蜂捕猎时杀死猎物不使用麻醉。因此，在幼虫成长的十五天内，母蜂需要不停地搬运猎物。狩猎的时候，高鼻蜂猛地扑向猎物，直接将其杀死，方法非常简单。

母蜂飞行的时候，翅膀嗡嗡作响。降落的时候垂直向下，动作缓慢。一旦发现情况不对，就马上逃跑。母蜂小心翼翼地降落到地面，正好在巢穴上方。然后挖掘沙土，用额头顶开沙土，带着夹在腹下的猎物，一起进入巢穴。母蜂进去之后，沙土自动坍塌下来，遮盖住洞口。

七月末，不知从哪儿飞来一只高鼻蜂降落在沙地上。高鼻蜂站在那里，开始用前足挖掘沙土。飞起的沙土划出一道弧形，落在二十厘米远的地方。高鼻蜂一边挖，周围的沙土一边跟着向下滑，迅速掩盖住洞穴。沙土中出现木块、树叶和大沙粒的时候，高鼻蜂就用大颚咬住它们，后退着把它们扔到远处。高鼻蜂挖掘的地下就是巢穴。母蜂每天给巢穴内的幼虫运送食物——苍蝇。母蜂每次出入洞口的时候，洞口都会遭到破坏（坍塌掩埋起来）。

高鼻蜂的巢穴直径大约如手指那么粗，深二十至三十厘米。有的巢穴通道笔直，有的通道弯曲。巢穴深处只有一个育婴房，房间有两三个核桃那么大。房间里放着一只为幼虫准备的猎物（丽蝇）。高鼻蜂把卵（白色小卵）产在猎物的腹侧，卵粒只有二毫米大小，呈圆筒形。

卵孵化需要两三天的时间。出生的幼虫开始第一次吃猎物。这个时候，母蜂待在巢穴附近，吸食花蜜，守护巢穴，打扫洞穴出入口。母蜂很快需要再次外出捕猎，然后带着猎物回来，从隐蔽的洞口进入巢穴。母蜂放下猎物之后，再回到洞外，等待下一次捕猎。两个星期里，母蜂一直重复这样的工作。在自然环境中，高鼻蜂大约需要搬运六十次苍蝇（实验是八十二次）。也就是说，同一项工作高鼻蜂要重复做约六十次。

埋伏

母蜂一会儿飞下来，一会儿又飞上去。难道地面有敌人？ 原来巢穴附近的地面上埋伏着小苍蝇，是寄生蝇。敌人就是这种苍蝇。

高鼻蜂夹着猎物往巢穴里钻的时候，寄生蝇抓住这一瞬间，飞到高鼻蜂旁边，跨在高鼻蜂夹着的猎物身上，迅速产下蝇卵。这个时候，高鼻蜂的一半身子已经钻进沙土里，看不到敌人在自己的猎物身上产卵。即使高鼻蜂有所觉察，洞口那么窄，身体活动不自由，也无法驱赶寄生蝇。

高鼻蜂带着猎物飞回来，但是发现地面有寄生蝇，无法降落。高鼻蜂在距离地面十厘米的高处飞来飞去。苍蝇们也飞起来，跟在高鼻蜂后面。然后，苍蝇就一直紧跟在高鼻蜂后面飞。高鼻蜂飞累了，降落下来，苍蝇们也降落下来。

蜂巢中

食物周围除了高鼻蜂的幼虫，还有六只到十只狼吞虎咽的客人（寄生蝇幼虫）。这些客人在别人的巢穴里肆无忌惮地大吃大喝。高鼻蜂幼虫也在一起吃，但是最后饿死的都是高鼻蜂的幼虫（寄生蝇幼虫甚至也会吃高鼻蜂的幼虫）。寄生蝇的幼虫匆匆吃完之后就变成蛹。

39

【涂壁花蜂】涂壁花蜂，仓库花蜂

——搓泥高手

※（涂壁花蜂，仓库花蜂／Megachile parietina,Megachile pyrenaica）

【膜翅目（蜂类）花蜂上科切叶蜂科切叶蜂属／体长13～18mm，14～18mm】

筑巢

涂壁花蜂又叫“泥水匠蜂”，是搓泥高手。涂壁花蜂和仓库花蜂使用相同的材料筑巢。它们用唾液把粘土和石灰质土、干粉等混合使用。涂壁花蜂制作的石灰质土硬块和气枪的散弹差不多大。它们舞动翅膀，来来回回地往巢穴搬运这种硬块。

收集材料的时候，涂壁花蜂先用大颚咬下土块，用前足把土块磨成粉，然后在牙齿之间用唾液把粉末揉圆，搓成一个球形泥团。涂壁花蜂远离人群居住，很少出现在人多的地方。它们一般就近收集筑巢用的石块或沙粒。

这两种花蜂五月初开始工作。

筑巢的方法

涂壁花蜂的巢穴建在平地上，很像一个站立的卵形小塔。如果巢穴建在斜坡上，很像一个有裂纹的针箍。涂壁花蜂建好巢穴，就开始收集、储存食物。它们在花丛中飞来飞去，采集花蜜和花粉。返回巢内的时候，涂壁花蜂先把头伸进巢穴，吐出花蜜，然后退出巢穴。接着，涂壁花蜂把尾巴伸进巢穴，用后足拍拍腹部，把花粉弹落下来。涂壁花蜂重复做这项工作。当食物把巢穴填满一半的时候，涂壁花蜂就在食物上产一粒卵，然后把巢穴封死。完成第一个巢穴之后，涂壁花蜂紧靠着第一个巢穴

修筑第二个巢穴，然后是第三个和第四个。

涂壁花蜂和它的筑巢地点

涂壁花蜂的雌蜂和雄蜂的颜色不一样。雌蜂的身上像是穿着黑天鹅绒衣裳，翅膀呈深紫色，雄蜂则长着铁锈般鲜艳的粗毛。涂壁花蜂筑巢，通常选在日照充足的石墙或石堆的石块上，或是河边的鹅卵石上。

仓库花蜂和它的筑巢地点

仓库花蜂的体型比涂壁花蜂小很多。雌蜂和雄蜂颜色相同，全部混杂着褐色、深褐色和灰色，只有翅膀尖是褐色中带一点淡淡的紫色。仓库花蜂的巢建在屋顶的瓦片下面，这种花蜂成群结队筑巢，而且每一代花蜂都要筑新巢，所以它们的巢穴数量每年都在增加。它们还会选择石块、瓦片和窗户筑巢。

★其他同类：灌木涂壁花蜂的巢悬挂在山楂或石榴的灌木枝下。一只花蜂修的巢和杏子差不多大，几只花蜂修的巢有一个拳头大。

插画计划场景：

· 花蜂们搬运筑巢材料（泥块）返巢

· 花蜂采集花蜜和花粉

· 巢穴全景和工作的花蜂

40

【德利蜂】雨德利蜂，帝德利蜂

——『独自一人』生活

※（雨德利蜂，帝德利蜂／Eumenes arbustorum,Eumenes pomiformis）

【膜翅目（蜂类）胡蜂上科胡蜂科德利蜂属／体长15～20mm，10～16mm】

雨德利蜂身上有黑黄色的条纹，体型苗条。其他蜂类停留在某种东西上的时候，翅膀是横向张开的。而雨德利蜂则是把两片翅膀竖着叠放。雨德利蜂圆圆的身体很细巧。

德利蜂“独自一人”生活。它们非常好战，发现猎物，就立即追上去，将其刺死。它们还抢夺他人物品，过着粗野的生活。

雨德利蜂的巢穴

雨德利蜂修筑的巢穴形状如肚大口小的酒壶。天气晴朗的时候，如果经过低矮的土墙，查看几个大石块，就能发现雨德利蜂的巢穴，但是它们的巢穴不多。建在平地上的巢穴像圆形屋顶，屋顶处有一个狭小的通道，仅容德利蜂通行。通道口上有一个漂亮的杯状壶颈，直径约二点五厘米，高约二厘米。如果巢穴建在石壁上，巢穴依然像圆形屋顶，但是出入口的杯状壶颈却是横着向上。巢穴直接粘在石块表面。如果只有一个巢穴，它就很像一个圆球。不过，蜂巢一般都是五六个连在一起，这样的蜂巢看上去就像一个干透了的泥块。雨德利蜂会把碎石镶嵌在圆形屋顶上，有时也用小蜗牛壳代替。有的巢穴不用碎石，全部用小蜗牛壳镶嵌。

帝德利蜂的巢穴

帝德利蜂在很多地方都可以筑巢。例如墙壁、石块，还有百叶门的木框等。另外，还有灌木的枯枝、枯草茎等。只要可以支撑蜂巢，什么地方都可以。帝德利蜂的巢穴不需要遮盖。蜂巢外形像樱桃，全部用灰泥做成，外侧没有碎石镶嵌。帝德利蜂筑巢的地方宽阔平整，圆形屋顶正中有一个酒壶口一样的杯状壶颈。如果巢穴建在灌木枝上，巢穴就像一个圆袋子，上面有一个壶颈。巢穴很薄，极易破损。外侧表面有一些凹凸，可以看到小点连成的纹路。

雨德利蜂和帝德利蜂这两种德利蜂在蜂巢里储存的食物包括蛾类和蝶类的幼虫。有的雨德利蜂的幼虫需要五只蛆虫作食物，有的需要十三只，这是因为雄幼虫和雌幼虫的食量不一样。雄幼虫的食量比雌幼虫小，体形和体重只有雌幼虫的一半。食物多的巢穴里是雌幼虫，少的巢穴里是雄幼虫。德利蜂把食物搬进巢穴之后才产卵，因此，在产卵之前，它们就已经确定巢穴里是雄虫还是雌虫。

巢穴内的机关

如果观察德利蜂的巢穴，就会发现食物上没有蜂卵。有一根蜘蛛丝般的细丝从圆形屋顶上垂下来，上面吊着卵。吊着的卵下面堆放着食物。幼虫和卵一样，从屋顶用细丝吊着尾部。幼虫的细丝更长，细丝下端好像一条粗带子。幼虫头朝下吃食物。如果猎物（食物）蠕动，幼虫就会马上收回身体。细丝下端的粗带子其实是一个筒状口袋，幼虫迅速钻进袋子里。幼虫如果感觉到危险，就会钻进袋子，爬到屋顶。这样一来，在下面熙攘的蛆虫也无可奈何。

幼虫长大之后，就算看到猎物蠕动也不会害怕。而且这时猎物也变得虚弱，可以不用担心。幼虫落在猎物身上，开口大吃。这时已经不需要口袋了。

插画计划场景：

- 雨德利蜂和帝德利蜂的巢穴全景以及成虫
- 德利蜂筑巢
- 巢穴内的机关（断面图，喜剧色彩）

41

【泥蜂】肾形泥蜂

——虫卵悬挂在半空中

※（肾形泥蜂 / Odynerus reniformis）

【膜翅目（蜂类）胡蜂上科胡蜂科 Odynerus 属 / 体长 9 ~ 12mm】

肾形泥蜂抢占雨德利蜂的旧巢穴居住。有的旧巢穴很结实，还可以使用，有的旧巢穴壶颈已经没有了。这种泥蜂还侵占长腰穴蜂的旧巢穴。它们有时也把悬钩子枯茎内的棉芯挖掉，做成长筒，然后把长筒分成几段筑巢，有时也在无花果的枯枝上挖洞筑巢。

肾形泥蜂的虫卵悬挂在巢穴的屋顶上。屋顶有一根很短的丝线，虫卵就吊在丝线上，悬挂在半空中。刚孵化出来的幼虫是黄色的，它们吊着屁股，头朝下。吊着幼虫的是一根短丝线和皱巴巴的带子，带子是孵化后的卵壳。

肾形泥蜂的幼虫与德利蜂不同，它们不钻进袋子里。幼虫通过收缩身体，来逃避猎物，保护自己。猎物安静下来之后，幼虫就伸开身体，接近猎物。幼虫二十四小时后吃完第一只猎物，之后稍事休息，把皮蜕掉，然后从悬挂处爬下来。此时的幼虫很柔弱，危险尚存。

有几个育婴房只有虫卵悬挂在屋顶上，里面还没有猎物。虫卵悬挂在房间的深处，远离洞口。这一点非常重要，因为把虫卵产在房间深处，这个时候的房间必须是空的。泥蜂产完卵后，才往洞内搬运食物，把食物一个个堆在虫卵前。泥蜂一直把猎物堆到洞口，然后封闭巢穴。

幼虫食物中体积最大的是黑蛆虫，长约一厘米，头很小。这种蛆虫不是蛾类或蝶类的幼虫，而是象鼻虫的幼虫。巢穴里有很多猎物，最初搬运的猎物靠近虫卵，洞口的猎物是最后搬运进来的。从最初搬运的猎物开始，它们渐渐丧失体力。因此，泥蜂幼虫最先吃的，是最初搬运进来且最弱的猎物。幼虫渐渐长大，危险也随之减少。蛆虫都被卷成戒指形状，紧紧地塞在洞穴里，所以它们无法自由活动身体。

巢穴

泥蜂选择粘性的红土崖壁筑巢。有一个烟囱般的弯管从洞口伸出，向下弯曲。这时，一只肾形泥蜂抓住一只虫子飞了回来。巢穴洞口开在陡峭的崖壁上。洞口是圆的，进出洞口需要通过一个弯管，弯管开口朝下。这个弯管是用筑巢挖出来的细土做成的，很像泥做的裙边。弯管长约三厘米，管内直径约五毫米。弯管连接巢穴通道，通道和弯管一样粗，深约十五厘米，略微倾斜。通道有多处分叉，每个分叉走到头就是幼虫的房间。每个巢穴里大约有十个房间，有时多一点。幼虫的房间就在死胡同的尽头，不是很宽敞，做工也不算精细。有的洞底平整，有的洞底倾斜。每个幼虫的房间都是独立的，房间深处呈卵状，幼虫可以在里面自由活动。房间入口向内四毫米处的直径约为六毫米。

母蜂把虫卵和食物放入幼虫房间之后，就把房间封死。接着，在通道里再挖一个房间。之后，母蜂把连接各个房间的通道封死，拆除洞口的弯管，将弯管材料用于洞内工程。最后，在外面看不到任何泥蜂巢穴的痕迹。

插画计划场景：

- 肾形泥蜂抓着猎物返回巢穴
- 巢穴内的结构（断面图）

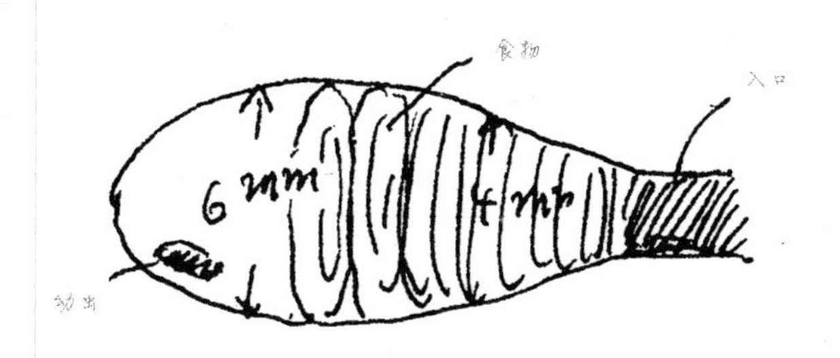

42

【泥蜂】高岭泥蜂

——在蜗牛壳里使用松脂的工艺高超

※（高岭泥蜂 / Leptochilus duplicatus）

【膜翅目（蜂类）胡蜂科 Leptochilus 属 / 体长 8 ~ 10mm】

高岭泥蜂运用高超的松脂工艺，在蜗牛壳里筑巢。这种泥蜂不会挖洞，所以它们不在土中筑巢，而是寻找空蜗牛壳筑巢。它们用墙壁做隔断，在蜗牛壳里做出三四个小房间。筑巢的材料有松脂和小石子。高岭泥蜂先把黏稠的松脂涂在蜗牛壳里，然后在上面镶嵌上圆形小石子。石子大小如针头，排列整齐。每粒小石子都是精心挑选的，犹如宝石镶嵌在葛丝织物上。如果高岭泥蜂使用沼螺贝壳筑巢，一般会做两个房间。这种巢穴的隔墙和贝壳盖就像镶嵌宝石的马赛克。房间虽然狭窄，但是很漂亮，非常牢固。

如果把蜗牛壳拿在耳边晃一晃，能听到里面石块相互碰撞的“哗哗”声。这些是高岭泥蜂塞在巢穴口内的小石块。这些小石块包括磨过的小石子、粗糙的碎石、蜗牛壳碎片，还有土粒等。

插画计划场景：

· 在空蜗牛壳内筑巢

43 【泥蜂】欧洲泥蜂

——巧妙地利用芦苇筑巢

※（别称：欧洲叶虫泥蜂／Symmorphus murarius）

【膜翅目（蜂类）泥蜂科叶虫泥蜂属／体长 11 ~ 17mm】

★食物：
欧洲泥蜂幼虫的食物是叶虫幼虫。春末，叶虫幼虫和成虫一起啃食杨树叶。叶虫幼虫身上会散发臭味。

欧洲泥蜂筑巢用的是自然形成的洞穴、挖洞的昆虫挖的洞穴，或者是现成的空巢穴。欧洲泥蜂用隔墙把巢穴分割成几个小房间。

小房间内

育婴房内，有一根一毫米长的短丝从芦苇的圆屋顶或者隔墙上端边缘垂下来，短丝上吊着虫卵。虫卵呈圆筒形，长约三毫米。

房间封闭后第三天，也就是虫卵生下来的第四天，虫卵开始孵化。刚出生的小幼虫头部朝下，整个身体包裹在虫卵薄皮做成的袋子里。吊丝很短，当幼虫从粗袋子里缓缓爬出来的时候，吊丝就会跟着伸长。当头部靠近猎物时，幼虫就开始吃猎物。幼虫在丝上悬挂二十四小时，之后就落到地面。幼虫要连续吃上十二天，然后开始做茧。泥蜂的幼虫是黄色的，一直到第二年五月，幼虫都保持这个样子。

欧洲泥蜂用镰刀割下来的芦苇缺口做巢穴的出入口，修筑的巢穴呈圆筒形。欧洲泥蜂巧妙地利用芦苇筑巢，洞口用泥土、棉团或者叶片堵塞。芦苇秆内的直径约十毫米，幼虫房间长短不一。从芦苇缺口到秆节是幼虫的房间，大约有十五个。如果缺口部分太短，欧洲泥蜂就会咬穿秆节，把房间修到下一个秆节。这样的巢穴长度超过二十厘米。

泥蜂的巢修在芦苇秆内，存放食物的小房间有十七个。有的小房间里只有虫卵，有的小房间里的幼虫已经开始吃猎物。有的小房间里的猎物多达十只，食物少的房间猎物只有三只左右。

狩猎

泥蜂攻击猎物的时候，先迫使猎物仰面朝天。然后抓住猎物，向其胸部猛刺三针。泥蜂刺猎物颈根部的时间较长。

44

【长尾小蜂】大长尾小蜂

——吸取猎物的体液

※（大长尾小蜂／*Leucospis gigas*）

【膜翅目（蜂类）长尾小蜂科长尾小蜂属／体长 8 ~ 12mm】

大长尾小蜂身上有黑色和黄色的条纹，尾部是圆形的。身体背部有一个凹槽，凹槽里安放着一把细细的长剑。

动作相似的欧洲小蜂

欧洲小蜂（长尾小蜂的一种）身材短小，它的触角呈直角弯曲。为了产卵，欧洲小蜂用触角检查虫茧。选中虫茧后，欧洲小蜂先站稳脚跟，高高抬起身体，然后稍稍把腹尖向前弯曲，让针尖直角对准茧壁。接着用针尖探寻，找准地方之后，欧洲小蜂就从剑匣中伸出针，刺进茧壁。

欧洲小蜂的虫卵没有长长的颈部，不会从屋顶上悬挂下来。虫卵一般产在蛹（食物）旁，数量极多。

注射方法

七月初，在仓库花蜂巢穴的两片瓦上，大长尾小蜂慢悠悠地在调查巢穴，它们用触角尖探寻。彻底检查完毕，大长尾小蜂拔出长剑，一点点地刺进巢穴的墙壁。为了把针刺进去，大长尾小蜂站稳脚跟，轻轻地摇动身体。工作一般十五分钟就能结束，如果墙壁太硬，则需要三小时。遭到针刺袭击的仓库花蜂的虫茧里也不一定有虫居住。茧里经常会有死卵、腐烂的食物、幼虫尸体、风干的成虫等。

调查涂壁花蜂的巢穴

七月初，如果翻开小石块，可以发现许多仓库花蜂的虫茧。很多虫茧都被长吻虻或大长尾小蜂刺过，里面有它们产下的虫卵。大长尾小蜂拔出长剑，透过墙壁，刺进涂壁花蜂的巢穴，刺中巢内的居民，把虫卵产在它们身上。虫卵孵化出来后，幼虫就靠吃可怜的涂壁花蜂幼虫为生，这些涂壁花蜂幼虫已经被麻醉。

大长尾小蜂的卵是细长的椭圆形。虫卵一端有一个小棒，长度和虫卵差不多，弯曲成钩状。虫卵像是一个拉长的葫芦，葫芦一端带着一个蛇头一样的东西。虫卵全长约三毫米。

孵化出来的大长尾小蜂幼虫是一个身体光光的蛆虫，没有脚也没有眼，肌肤亮莹莹的。身体关节很明显，从侧面看呈波状。幼虫休息的时候，身体卷曲成一个圈。幼虫把嘴贴在猎物（仓库花蜂幼虫）的皮肤上，吸取它们的体液，填饱肚子成长。幼虫长为成虫之前，一直在吃猎物，但不会杀死他们。猎物体液很快被吸干。大长尾小蜂幼虫不是啃食猎物，而是吸取猎物体液。七月底，幼虫经过蛹期，羽化为成虫。成虫在屋顶打开一个洞口飞出去了。

插画计划场景：

· 大长尾小蜂飞来飞去，调查涂壁花蜂的巢穴

· 茧中虫卵的奇特形态

与欧洲小蜂比较

45 【蜾蠃】蜜蜂蜾蠃

——雌蜂是杀手

※（蜜蜂蜾蠃／Philanthus traingulum）

【膜翅目（蜂类）蜜蜂科蜾蠃属／体长 12 ~ 18mm】

蜾蠃粗暴地挤压蜜蜂腹部，使得蜜蜂食袋内的花蜜涌到嘴角。蜾蠃吸光花蜜，然后扔掉蜜蜂。

养育幼虫的时候，蜾蠃会带着蜜蜂回巢，给幼虫当食物。蜾蠃飞到巢穴附近的草丛里，放下蜜蜂，把蜜蜂的花蜜挤出来。自己舔干净花蜜之后，才把蜜蜂放进巢内。蜾蠃不使用麻醉，而是杀死蜜蜂，吸食花蜜。

蜾蠃母蜂只狩猎两次。给了幼虫当前需要的食物之后，蜾蠃就暂停狩猎，开始挖洞。蜾蠃一般要挖好几个幼虫房间，巢穴像一口深井，长约一米，育婴房在洞穴深处。蜾蠃把卵产在死去的蜜蜂的胸部。育婴房呈卵状，虫茧很薄，有点透明。其他房间里有幼虫正在进食。花蜜对幼虫有害，因此，母蜂狩猎的时候，要把蜜蜂的花蜜全部挤干净。蜂类全靠舔食花蜜为生，但是蜾蠃却捕猎其他活物当食物。蜾蠃既吃花蜜也吸生血。

蜜蜂猎人

一发现蜜蜂有破绽，蜾蠃就会猛扑上去，给蜜蜂致命一击。蜾蠃掀翻蜜蜂，使其仰面朝天。然后骑上蜜蜂，六条腿抱住蜜蜂，用大颚咬住蜜蜂喉咙，从后面把蜜蜂的身躯向前弯曲。接着，蜾蠃把短剑刺进蜜蜂的颈部。短剑刺进去之后，不马上抽出来。蜾蠃抓住猎物，牢牢

★蜾蠃幼虫还无法消化花蜜。

抱着，并将蜜蜂身体复原，紧贴着自己的身体。螺赢有时站着也能解决对手。螺赢用两条后足和收起的翅膀支撑身体，猛地站起身来，用四条前足把蜜蜂转到眼前。螺赢把蜜蜂抓在手里，转来转去，选择时机刺杀蜜蜂，就像儿童在摆弄木偶一样。而且，螺赢用两条后足爪尖和翅尖构成一个三角支架，稳稳地支撑住身体。螺赢身体向上翘起，把针刺进蜜蜂的下颚，彻底杀死蜜蜂。给对方致命一击之后，螺赢还不放手，继续把死蜜蜂的腹部紧贴着自己的腹部。因为给对方最后一击之后，危险依然存在。

在螺赢面前，蜜蜂一点办法都没有。但是，当螺赢飞到面前的时候，蜜蜂却毫不在意。蜜蜂和可怕的敌人螺赢一起在蓟花上采食花蜜。

插画计划场景：

- 在花（蓟花、丁香花）上和蜜蜂一起进食
- 螺赢在土里的巢穴

46

【纹白蝶】大纹白蝶

——人类种植甘蓝菜之前，它们吃什么呢

※（大纹白蝶／Pieris brassicae）

【鳞翅目（蝶、蛾类）白蝶科白蝶属／翅展开 52 ~ 60mm】

纹白蝶的幼虫最喜欢吃甘蓝菜。在人类种植甘蓝菜之前，它们吃什么呢？ 那时候，它们吃野生的十字花科植物（只要是十字花科植物，它们都吃）。在法布尔的实验中，它们也吃十字花科植物长大，然后变成蛹，最后羽化为成虫。

在变形之前，青虫（纹白蝶幼虫）哪儿也不去。纹白蝶在四、五月和九月产卵，此时恰好是种植甘蓝菜的时候。纹白蝶先在甘蓝菜上产卵，然后在野生的十字花科植物上产卵。纹白蝶产卵的时候，甘蓝菜和其他十字花科植物还没有开花。纹白蝶只需在植物周围飞上那么一圈，就能将它们和其他植物区分开来。

★十字花科植物：旧称油菜花科。

甘蓝菜地

上：幼虫是“大肚汉”

下：闻香而来

纹白蝶的虫卵是淡淡的橙黄色，外形呈圆锥状，锥顶部分好像被略微削平了一点。虫卵排列在甘蓝菜的圆形根部。如果甘蓝菜的叶子展开，纹白蝶就在叶子上面产卵。如果甘蓝菜的叶子紧抱在一起，纹白蝶就在叶子下面（背面）产卵。

圆锥状的虫卵顶端有一个天窗，幼虫打开天窗爬出来。青虫（幼虫）先把卵壳吃掉，从上往下依次把卵壳啃掉。卵袋是用丝织物做成的。青虫吃掉卵袋，吐出细丝，构筑一个立足之地。青虫长到二至四毫米的时候开始蜕皮。蜕皮后的幼虫皮肤是淡黄色的，上面长着许多黑点，中间夹杂着一些白毛。

十一月底，青虫离开甘蓝菜，爬上墙壁，然后挑选一处适当的地方变成蛹。

插画计划场景：

· 甘蓝菜地里的大纹白蝶

· 飞舞在十字花科植物中的大纹白蝶

· 产卵、孵化，青虫的生活，蛹

47

【象鼻虫】星斑牛蒡象鼻虫

——它们非常小心，不会咬得太深

※（星斑牛蒡象鼻虫／Larinus vulpes）

【鞘翅目（甲虫类）象鼻虫科牛蒡象鼻虫属／体长 9 ~ 12mm】

有几种牛蒡象鼻虫喜欢在牛蒡这类蓟花类的花托上挖洞筑巢。这类蓟花包括箭羽蓟花、朝鲜蓟花、卡顿蓟花（与朝鲜蓟花相似）、矢车菊、西洋苍术（别名矮蓟花）等。切开蓟花花托，可以看到小房间里有一只抖抖索索没有脚的白色小虫（幼虫）。

象鼻虫住在琉璃蓟花里，从夏天到秋天，可以在道路两旁看到这种蓟花（蓝刺头类）。琉璃蓟花看上去像刺猬，所以又叫“拟刺猬”。星斑牛蒡象鼻虫就趴在琉璃蓟花上。

六月末，此时的琉璃蓟花像一粒绿色的豆子一样，大小和樱桃差不多。牛蒡象鼻虫钻进花里（象鼻虫的家），然后在灿烂的阳光下交配。雌象鼻虫迅速准备产卵，而雄象鼻虫却若无其事地在花叶上寻找食物。雄象鼻虫把嘴伸到叶子表面，轻轻咬上一口，但是它不会咬花。此时，雌象鼻虫开始在原来的花上挖洞。它用口器挖一个洞，在里面产卵，然后轻轻地踩踩挖出来的花，再飞向别处。

花中间的花托里有一个圆形小房间。虫卵是黄色的，呈椭圆形，包裹在褐色物质里。这种物质是象鼻虫在挖洞的时候，从花的伤口流出来的汁液凝固形成的。即使是樱桃大小的花也会有五个以上的虫卵。一个星期左右，虫卵孵化成白色的小蛆虫（幼虫）。

★星斑牛蒡象鼻虫：这种象鼻虫的背部有黄粉状的云彩花纹。

琉璃蓟花不像朝鲜蓟花有厚厚的花托。扒开琉璃蓟花，可以看到中间有一个和胡椒粒差不多大的花托。为了不使花枯萎，象鼻虫在咬花茎和花球的时候异常小心，会把流淌出来的汁液吸干净。它们非常小心，不会咬得太深。

九月之后，小房间就空了。象鼻虫天生知道，当冬天来临的时候，琉璃蓟花会枯萎、断裂。象鼻虫成虫就躲在石块和小草下越冬。

插画计划场景：

- 琉璃蓟花上的婚礼
- 雌象鼻虫开始在琉璃蓟花上挖洞或者产卵
- 展示花的断面
- 虫卵的形状
- 幼虫的生活

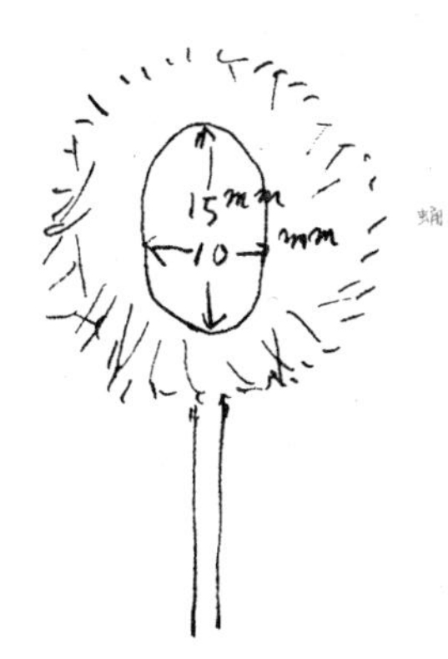

小花变黄，稍微弯曲，保持原状排列。

48 【象鼻虫】熊牛蒡象鼻虫

——幼虫和成虫都靠吃蓟花维生

※（熊牛蒡象鼻虫／Larinus ursus）

【鞘翅目（甲虫类）象鼻虫科牛蒡象鼻虫属／体长6～10mm】

蛹的房间

幼虫成蛹需二至三周

四壁满有绒毛。像喷漆处理过一样。

高一点五厘米

蛹

雌象鼻虫在花托上产下一粒虫卵，产完之后又去别的花上。熊牛蒡象鼻虫背部有一道白色条纹，看上去很像袍子，所以又叫“披袍牛蒡象鼻虫”。

熊牛蒡象鼻虫的幼虫不是生活在树液里，而是直接吃矮蓟花（西洋苍术）的花托，成虫也是靠吃矮蓟花维生。花托中间往往会被咬出一个大洞，洞内积满蜜汁（仿佛白色珍珠）。矮蓟花表面涂满黄蜡，硬邦邦的。花瓣向四周张开，花中间是漂亮的花托。花托很厚，根部有牢固的花萼保护。花托正中只有一只幼虫。

到了六、七月，产卵的时候，雌象鼻虫开始寻找没有开花的矮蓟花花苞。雌象鼻虫把锥子般的嘴刺进小花根部的花萼，然后在洞底产下虫卵。虫卵颜色呈珍珠白色。虫卵八天之后孵化成小蛆虫（幼虫）。

八月，扒开矮蓟花，可以看到里面有虫卵、蛹、成虫。蛹背是褐色的，长满刺毛。幼虫两个星期里一直吃蓟花，吃掉的地方形成一个屋顶，变成一个小房间。幼虫把小花和绒毛向上顶，然后加固，做成一个圆形屋顶。蓟花的内部完全被掏空。幼虫把自己的粪涂在墙壁上。

矮蓟花生长在草丛或者稻科植物里，即使北风呼啸，也不会被吹倒。而且根部不腐烂，枯萎之后也能稳稳站立。矮蓟花合得很紧，形成一个屋顶，象鼻虫就在矮蓟花里越冬。一月，扒开矮蓟花，可以看到里面的象鼻虫成虫。五月来临，象鼻虫捅破屋顶，飞向外面的世界。

插画计划场景：

· 在没有开花的矮蓟花花苞的花托上产卵

· 扒开花朵（断面图）

幼虫、蛹、成虫

· 在花里越冬的熊牛蒡象鼻虫

49

【象鼻虫】朝鲜蓟花牛蒡象鼻虫

——吃洋蓟花芯的小虫

※（别称：斯考利米牛蒡象鼻虫／Larinus scolymi）

【鞘翅目（甲虫类）象鼻虫科牛蒡象鼻虫属／体长9～15mm】

朝鲜蓟花牛蒡象鼻虫的身体圆滚滚的，浑身布满黄色粉末。朝鲜蓟花牛蒡象鼻虫又叫“吃洋蓟花芯的小虫”。

★洋蓟花：即朝鲜蓟花。

花森林

★朝鲜蓟花是卡顿蓟花的栽培品种。

七月，烈日高照，象鼻虫出没在卡顿蓟花的花丛中。卡顿蓟花有两个拳头那么大，厚厚的花托上长满了像北极熊毛一样的绒毛和天蓝色（接近紫色）的大花朵。花托上，象鼻虫正屁股朝天地往里钻。它用细细的口器拔掉花托上的绒毛，然后做出一个浅坑，在里面产卵。一朵大花的花托上会有二十多只象鼻虫。

盛夏时节，虫卵孵化只需三四天。刚出生的幼虫拔下几根花上的绒毛，然后沿着绒毛爬向种子。如果孵化的地方有种子，幼虫就待在原地。

幼虫

幼虫的食物主要是野生的或者是栽培的朝鲜蓟花和卡顿蓟花的种子。幼虫头部呈红褐色，背部油光发亮。幼虫一动不动，只躲在狭小的地方吃东西，所以花朵只有很小的部分（有幼虫的地方）受伤，其余大部分完好无损，花朵可以长大结子。

八月末，幼虫长为成虫，咬破屋顶出来。

不久，花就会彻底枯萎。把花的绒毛剪短，可以看到花上有许多铅笔粗的洞穴，排列得跟蜂巢一样，这些洞穴都是象鼻虫的巢穴。成虫为了越冬，都飞到别处去了。

插画计划场景：

· 花森林

象鼻虫出没在蓟花丛中

· 蛹的房间（断面图）

· 冬天的蓟花（枯萎的）

冬景

大大的洞穴

成虫在某处越冬

50

【象鼻虫】欧洲牛蒡象鼻虫

——盛开在荒原上的西洋大蓟花是这种象鼻虫的家

※（欧洲牛蒡象鼻虫／*Larinus sturnus*）

【鞘翅目（甲虫类）象鼻虫科牛蒡象鼻虫属／体长8～12mm】

八月，西洋大蓟花开出白色的纽扣形大花朵，这里是欧洲牛蒡象鼻虫的家。西洋大蓟花生长在法国普罗旺斯的荒原上。荒原上还生长着麝香草，麝香草属唇形科植物，可以用作香料。

七月初，雌象鼻虫为了产卵，钻进这些花的花丛中。大约十五天之后，就可以看到一至四只长大的幼虫。九月将近结束的时候，还有没来得及羽化为成虫的蛹和幼虫。和朝鲜蓟花象鼻虫一样，欧洲牛蒡象鼻虫蛹的房间也是用绒毛和泥浆加固的。欧洲牛蒡象鼻虫在别的什么地方（树皮下或者苔藓下）越冬。

插画计划场景：

- 象鼻虫钻进西洋大蓟花里
- 花的断面图
- 花托中的幼虫

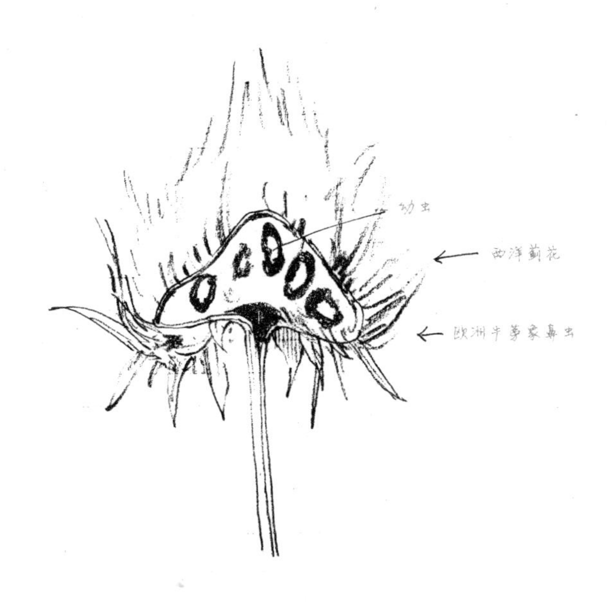

51

【鹞象鼻虫】栎树鹞象鼻虫

——有一根烟管般长长的口器

※（栎树鹞象鼻虫／Curculio elephas）

【鞘翅目（甲虫类）象鼻虫科鹞象鼻虫属／体长 5 ~ 7mm】

十月左右，果实还没有成熟的时候，栎树鹬象鼻虫的同类们开始大吃栗树、桦树的果实。

栎树鹬象鼻虫的头部长着一根烟管般长长的口器，细如发丝。口器呈红褐色，非常直。栎树鹬象鼻虫把口器刺进橡子（栎树果实），身体旋转一个半圆，把烟管像锥子一样往里钻。然后身体再往回转一个半圆，继续把烟管往里钻，这一系列动作重复了多次。过了一个小时，锥子完全钻进橡子。栎树鹬象鼻虫休息一会之后，拔出烟管。

栎树鹬象鼻虫聚集的树木

栎树鹬象鼻虫最喜欢阔叶乌冈栎。这种树的橡子中等大小，形状瘦长，叶梢粗糙。普罗旺斯橡树主要产于法国普罗旺斯地区，树干是白色的，橡子短小，多皱纹。普罗旺斯橡树上很少有象鼻虫。凯曼栎树长得矮小不起眼，橡子呈圆卵形状，叶梢多刺且有鳞片，它的橡子是所有橡子中最好的。

产卵

雌象鼻虫用口器挖出一个洞，然后调转身体，把腹尖对准洞口。栎树鹬象鼻虫的腹内有一根和口器一样长的产卵管，它将产卵管伸进洞内，在里面产卵。产完卵，它再把产卵工具收回腹内。产卵管呈红褐色，细如发丝，前端像一个喇叭口，根部呈圆形袋状。

插画计划场景：

· 象鼻虫把锥子刺进橡子

背景是阔叶乌冈栎、普罗旺斯橡树、凯曼栎树

· 产卵（表面图、断面图）

产卵管的构造

鹬象鼻虫类的口器和这种鹬的喙很相似，所以才有了这种名字。

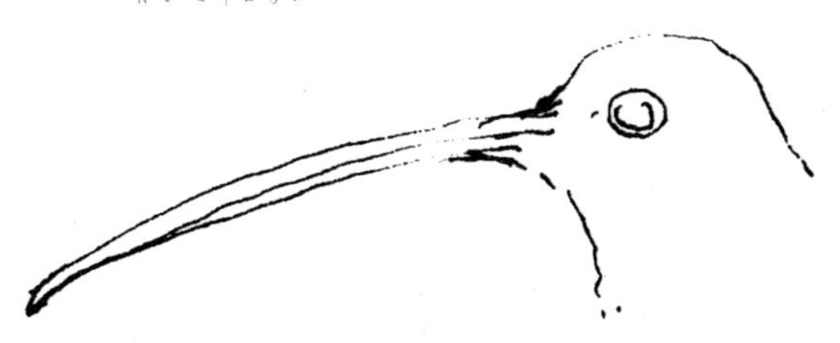

鹬的喙尖是弯曲的。

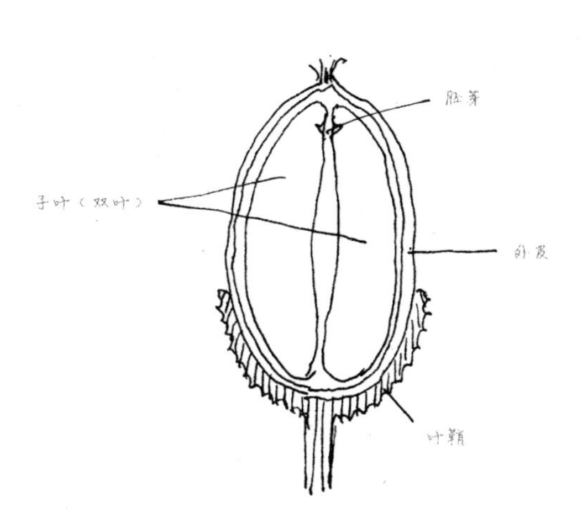

和麦芽相同，没有胚乳，养分全在子叶里。

52 【象鼻虫】菖蒲象鼻虫

——任何时候都首选黄菖蒲

※（菖蒲象鼻虫／ Mononychus pseudo-acori ）

【鞘翅目（甲虫类）象鼻虫科 Mononychus 属】

小河旁，黄菖蒲鲜花盛开，花上聚集了许多红褐色的小象鼻虫。它们一会儿拥抱，一会儿分开。这是象鼻虫的婚礼。

菖蒲象鼻虫主要聚集在小河边的潮湿地带。小河边除了黄菖蒲，还有下面三种菖蒲：首先是小菖蒲，它很矮，不足手掌宽，但是它的花又大又漂亮，毫不逊色于其他菖蒲；其次是污菖蒲，它生长在土丘有积水的地方，身体细长，叶子柔软，花很漂亮；最后是臭菖蒲，它生长在小河旁，叶子发臭（所以叫臭菖蒲），种子像大蒜头，红色。以上都是菖蒲象鼻虫能吃的东西。附近土丘上还有半日花、迷迭香等。不过，这种象鼻虫任何时候都首选黄菖蒲。它把口器刺进菖蒲绿色的嫩浆果里，吸食汁液，喝饱之后才离开。浆果伤口流淌出胶状汁液。象鼻虫食量很大，但是不吃种子。到了八月，成虫到其他地方生活。

菖蒲象鼻虫喜欢的花：
- 小菖蒲
- 臭菖蒲
- 污菖蒲
- 剑形菖蒲（荷兰菖蒲）
- 花菖蒲

这种花讨厌的东西：
- 唐菖蒲
- 黄花蔓穗兰
- 角蔓穗兰

上：黄菖蒲餐厅

下：向豆荚产卵

插画计划场景：

- 花上婚礼
- 把口器刺进菖蒲的嫩浆果中吸食汁液
- 菖蒲象鼻虫喜欢的花：小菖蒲、污菖蒲、臭菖蒲等

花上的象鼻虫

53

【天牛】**卡西米亚天牛**

——大颚像凿子一样强劲有力

※（别称：栎树深山天牛／Cerambyx miles）

【鞘翅目（甲虫类）天牛科 Cerambyx 属／体长 26 ~ 46mm】

卡西米亚天牛的幼虫身体前部又大又有劲，而后部细长。幼虫的大颚与头部呈黑色，身体呈象牙白，像丝缎一样细滑。幼虫有三对足，足的根部呈圆球形，足尖如细针，长约一毫米。腹部关节上下有七对吸盘，幼虫靠吸盘爬行。

秋天过半，劈开虫咬过的树干（栎树的），可以看到手指粗的幼虫、铅笔粗的幼虫、淡色的蛹，还有成虫（成虫要等到来年夏天才出来）。由此可见，栎树深山天牛从卵到成虫，三年里一直生活在树洞里。

幼虫在树干里四处乱钻，挖掘隧道，吃木头碎屑，排出的粪便堆积在隧道里，把隧道堵塞。幼虫的大颚像凿子一样强劲有力。大颚又黑又短，没有锯齿，前端犹如凿子的刀口。

插画计划场景：

· 树干里的幼虫生活

· 在虫蛹房间等待外出

· 爬到树上的成虫

· 把头伸出树洞

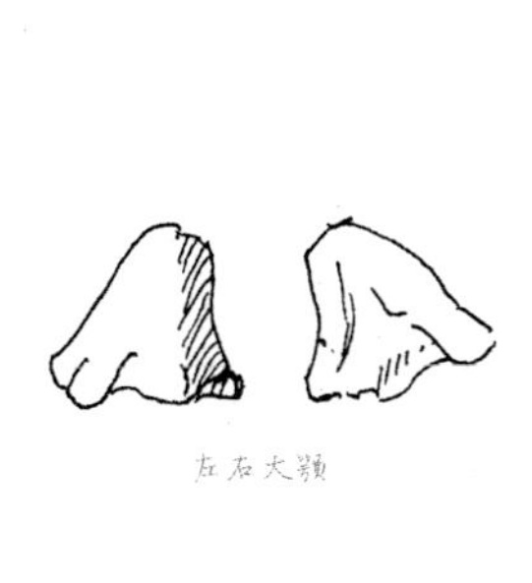

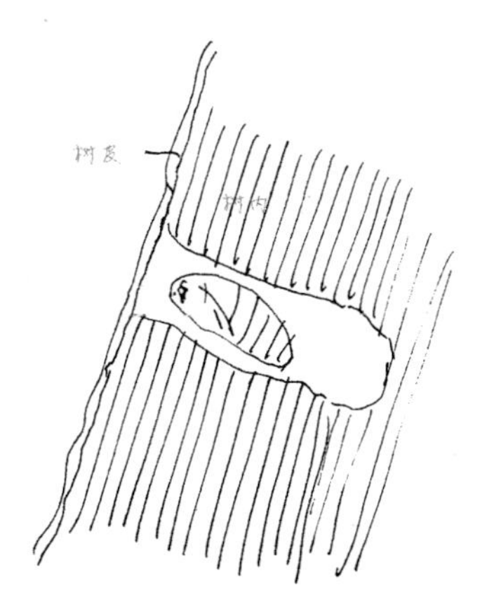

从黑暗到光明

54

【天牛】大薄翅天牛

——雄虫和雌虫彼此互不理睬

※（大薄翅天牛／Ergates faber）

【鞘翅目（甲虫类）天牛科 Ergates 属／体长 25 ~ 60mm】

大薄翅天牛很像日本的薄翅天牛，但是它的胸部比日本的薄翅天牛宽大，全身呈深黑褐色，而且翅膀的肌肉也更加有力。

大薄翅天牛和卡西米亚天牛差不多大，前翅更宽，体形有些扁平。雄天牛前胸有三角形的光亮图纹。

法布尔的实验

法布尔找来松树根的碎木屑，堆在一个中型花盆里。然后让幼虫住在里面，饲养两年。七月初，幼虫开始频繁活动，转动身体。这是幼虫变成蛹之前的准备运动。幼虫扭动尾巴，把消化掉的粉状物涂抹在周围，做成一道防护墙。这种材料湿度适中，干了之后，形成光滑、坚固的墙壁。又过了几天，幼虫在酷暑中蜕皮成蛹。蜕皮在夜间完成。

要蜕掉的空壳是从前胸和头部开裂。蛹伸缩身体，从狭窄的裂缝处钻出来。空壳形状保留完整，像一个有皱纹的袋子。

刚蜕皮的蛹

蛹非常洁白，比象牙还要白，如同高级白蜡烛，美丽通透。蛹紧缩着的脚，抱在胸前，形成“十”字。脚尖相对摆放，像两根打结的长绳，沿着身体垂下来。前翅和后翅各有两个，收在翅袋内。翅膀扁平，很像一个宽大的平托盘。蛹的头部前端的触角像拐杖尖一样弯曲，藏在前足膝盖下面。前胸两侧可以看到白色部分。

次日，蛹像被熏过一样，变成浅色。十五天之后，在七月底，成虫诞生。成虫开始是铁锈色和白色，很漂亮，但是很快就变成深黑色。

法布尔的实验

法布尔把一只雄天牛和一只雌天牛放在一起。给它们的食物有西洋梨、葡萄和香瓜的切块。天牛白天不出来，一直躲在木屑堆里，天黑之后才出来。雄天牛和雌天牛彼此互不理睬，它们碰到一起就打架。而卡西米亚天牛虽然群居，但是不打架。

自然状态

欧洲薄翅天牛和大薄翅天牛是同类，也是在夜间活动，喜欢住在柳树的老树干里。七月的炎热夏夜，它们爬到柳树的树皮上或是腐烂后空荡荡的树洞里。外面雄天牛居多，它们在等待雌天牛从树洞里爬出来。

插画计划场景：

- 老树干腐烂的树洞

  洞外的雄天牛

  等待雌天牛从树洞里爬出来

  夜景

- 幼虫的生活

  幼虫蜕皮成蛹

- 羽化成虫，来到外界

55

【金龟子】珍珠瘤纹金龟

——发现狐狸的粪堆，就飞落在上面

※（珍珠瘤纹金龟／Trox perlatus）

【鞘翅目（甲虫类）瘤纹金龟科瘤纹金龟属／体长7～10mm】

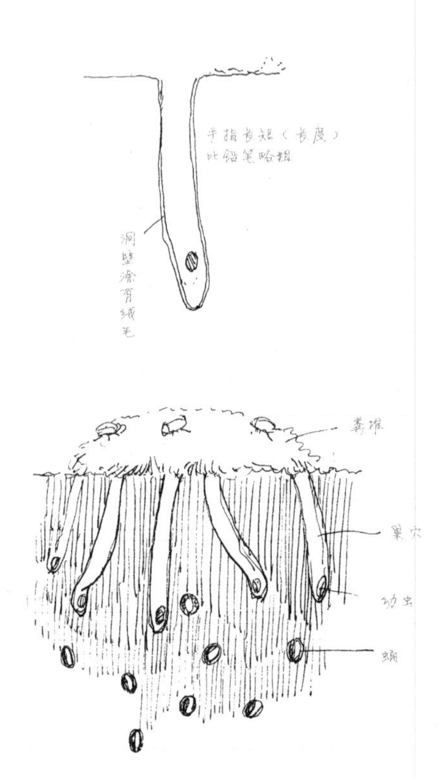

珍珠瘤纹金龟只有樱桃般大小，黑色，前翅上有珍珠般的突起。第一和第二足尖是红褐色。

四月底，在瘤纹金龟的食物底下挖一挖，可以发现不深的地方有虫卵。虫卵是一粒粒产下来的，呈白球形，大小犹如气枪的散弹粒。虫卵一般有十粒左右。雌虫就把卵产在粪堆下面。幼虫发育很快，呈圆筒形，浅白色。幼虫身体弯曲成钩状，背部没有袋状物。

幼虫先要筑巢。它在沙土里挖一个短浅的洞穴，然后把动物的毛发一点点搬进去。洞内的食物吃完之后，幼虫才会爬到地表，再把食物搬进洞里。幼虫三四个星期就能吃光粪堆，地面只残留一些骨头。此时，瘤纹金龟的成虫已经死去，成虫活动的季节已经结束。

六月下旬（夏至时节），幼虫变成蛹，蛹用后背打磨卵状房间的墙壁。七月中旬，蛹羽化为成虫。成虫爬到地面，发现狐狸的粪堆，就飞落在上面。成虫把粪堆当屋顶，躲在下面越冬。等到春天，再重新工作。

★饲养瘤纹金龟的时候，在狐狸的粪便里混入了兔毛。白天，瘤纹金龟在粪堆上，一刻不停地吃。

插画计划场景：

· 成虫在狐狸粪堆上的生活

啃食粪便

· 幼虫的生活

地下断面图

挖掘洞穴

巢穴内的生活

· 七月中旬，成虫来到地面

56

【金龟子】长须金龟

——在天气晴朗的傍晚，聚集到松树上

※（别称：松须金龟 / Polyphylla fullo）

【鞘翅目（甲虫类）金龟子科长须金龟属 / 体长 25 ~ 36mm】

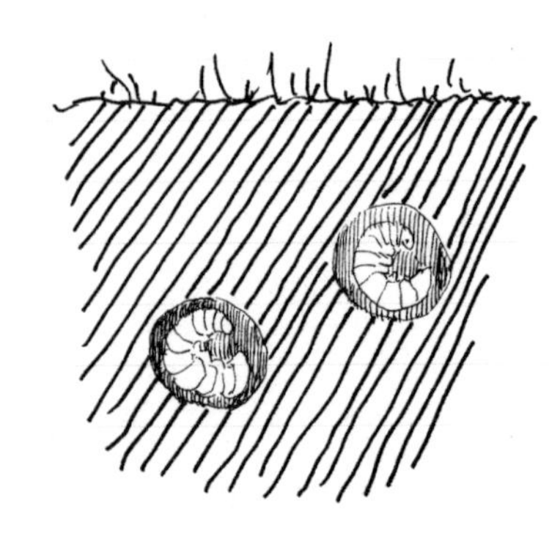

长须金龟喜欢聚集在松树上。长须金龟身体呈黑色或褐色，上面散布着白色的绒毛斑纹。雄金龟的触角很像七片鸟羽毛，雌金龟是六片（实际是五片）相同的鸟羽毛。不过，长须金龟的这些触角都是装饰。

夏至时分，天气晴朗的傍晚，长须金龟聚集到松树上。雄金龟飞来飞去，追求停在枝条上的雌金龟，这种情形要持续十五天。雄金龟为了获得雌金龟的欢心，一直要飞到天明。清晨，长须金龟挂在枝条上吃松叶。

七月初，雄金龟钻进土里死去。雌金龟腹部前端长着锄头一样的利刃。它用利刃挖土，把肩部以下身体埋入土里，然后在豌豆大的巢穴里产下二十粒左右的卵。虫卵是一粒粒产下的，虫卵呈圆蛋形，长四点五毫米，白色。虫卵很硬，卵壳像鸟蛋的壳。因为卵里面的虫是白色的，所以虫卵看上去也是白色的。

一个月后，在八月中旬，虫卵孵化成幼虫。幼虫前部像奶油一样白，后部颜色有点脏，上面粘着很多粪便（用作泥浆涂抹墙壁）。幼虫四处挖洞，啃食枯树叶。幼虫身体弯曲成钩状。

插画计划场景：

- 在夜空中飞舞的雄金龟和雌金龟
- 松树上的婚礼
- 幼虫在地下的生活
- 雌金龟产卵

57

【花潜金龟】艳色花潜金龟

——在堆肥上空嗡嗡盘旋

※（别称：欧洲艳色花潜金龟／Protaetia cuprea）

【鞘翅目（甲虫类）金龟子科艳色花潜金龟属／体长14～22mm】

盛开的丁香花丛

路两旁的丁香花在道路上方形成一个拱形。这里汇集了无数昆虫，它们包括条纹花蜂、斑蝥、切叶蜂、花虻、胡蜂、长脚蜂、蜜蜂、蛾类、大纹白蝶、金凤蝶、花潜金龟等。花潜金龟经常在蔷薇花上出没。

早晨九点至十点，花潜金龟就在堆肥上空嗡嗡盘旋，寻找降落地点。选好地方降落下来，花潜金龟就用头和脚挖洞，然后钻进去。花潜金龟产卵需要两个小时。虫卵如同象牙色的小药丸，长三毫米。虫卵孵化需要十二天。幼虫背部隆起，有粗大的皱纹，背上还长着稀疏的短小粗毛，如同板刷。幼虫生下来时四脚朝天，全靠背部的粗毛爬行。幼虫长约三厘米，腹部扁平，呈白色，柔软光滑。幼虫肠内塞满粪便，从外面看去是褐色。

雌金龟六月产卵，上一年越冬的幼虫正忙着准备变成蛹。花潜金龟的茧呈卵状，跟鸽蛋差不多大。刺花潜金龟的虫卵比樱桃的果实略大，它的茧很小，极易辨认。金色花潜金龟把自己的粪便随便排泄在巢穴外面。艳色花潜金龟和胸艳花潜金龟的巢穴周围堆满枯树叶。只有刺花潜金龟把自己的巢建在小石块上。

饲养花潜金龟需要的食物有西洋梨、杏儿、葡萄等。吃东西的时候，花潜金龟不移动脚，只管把头埋进食物里。天气越来越热，花潜金龟停止吃水果，开始挖掘一个深六厘米的洞穴，然后钻到里面去（夏眠）。九月，花潜金龟苏醒过来，重新回到地面。但是食欲很差，吃得很少。寒冬来临，花潜金龟再次钻入沙土中。花潜金龟很适应冬天的气候。三月未尽，花潜金龟又一次苏醒过来。在樱桃还没有结果之前（四月底），花潜金龟主要吃枣椰树的果实。它们很快又要结婚了。

★艳色花潜金龟：背部是青铜色，脚是深紫色。

★落叶堆和堆肥是花潜金龟最喜欢的地方。

★幼虫在冬天也是结群居住。

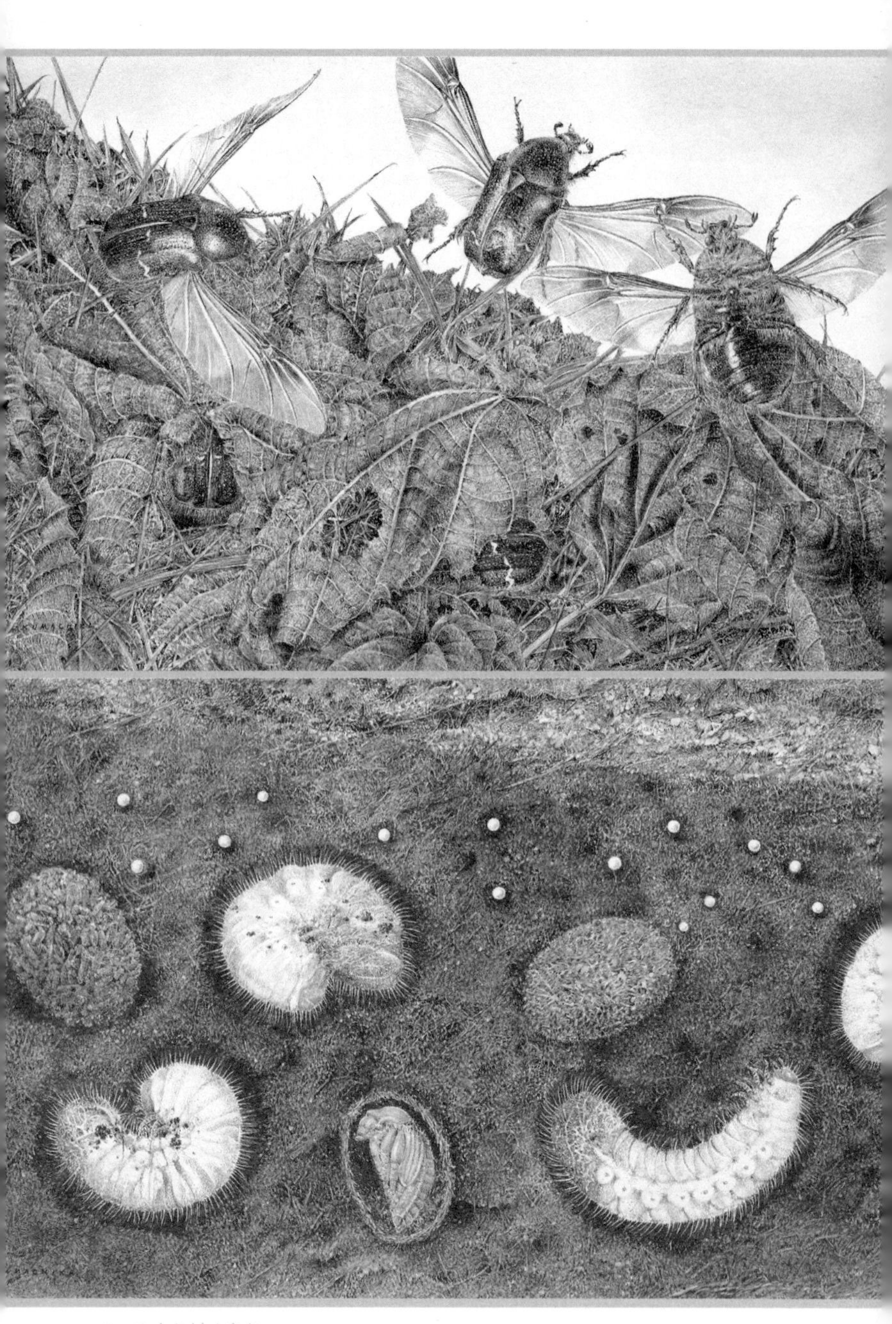

上：飞向枯树叶产卵

下：腐质土里的生活

上：花会客人

下：蔷薇摇篮

西洋梨餐厅

夏至时分，花潜金龟成虫暂时隐身于枯树叶中，不过很快又从里面出来。转上两个星期，然后钻进沙地死去。六月将尽，可以在枯树叶里发现花潜金龟的虫卵和幼虫。花潜金龟成虫整整存活一年，从当年夏天到第二年的夏天。幼虫在七月从蛹变为成虫，一年之后产卵。

插画计划场景：

· 丁香花会上的昆虫

· 续上

· 成年雌金龟来到枯树叶堆产卵

· 幼虫的行走姿态

做茧的方法等

★同类还有金龟花潜金龟、胸艳黑花潜金龟、刺花潜金龟等。

58

【摇篮虫】白桦卷叶摇篮虫

——卷起来的葡萄叶是幼虫可以吃的摇篮

※（别称：葡萄摇篮虫／Byctiscus betulae）

【鞘翅目（甲虫类）摇篮虫科卷叶摇篮虫属／体长 5 ~ 7mm】

★欧洲葡萄卷叶摇篮虫生活在干燥的石子土地上。

摇篮虫的身体很大，犹如青光亮丽的宝石。另外，还有绿色、紫色、红铜色的摇篮虫。日本的摇篮虫翅膀上有小的突起，欧洲的摇篮虫没有突起。白桦卷叶摇篮虫分布极广：从欧洲大陆一直到西伯利亚的黑龙江流域。它们卷的树叶包括赤杨、榛树、椴树、木瓜、苹果、洋梨、白桦、山杨、葡萄等。摇篮虫最喜欢葡萄园。

卷葡萄叶

为了方便卷葡萄叶，摇篮虫先咬断部分叶子，使树叶变软。然后从叶子下面的角开始卷，卷的时候叶子内侧朝外。葡萄叶面积大，叶茎粗，不容易卷。摇篮虫需要经常变换卷叶子的方向。卷好的叶子形状不固定，样子难看。雌摇篮虫干活的时候，雄摇篮虫在一旁闲看。雌摇篮虫卷好叶子，在叶子各处产下一粒粒琥珀一样的卵。虫卵有五至八个，五六天之后变成幼虫。卷好的叶子是幼虫的摇篮，同时也是食堂。这种叶子腐烂之后发霉，幼虫最喜欢吃这种发酵的东西。如果不是人工饲养，而是在大自然中，树叶枯萎，落到地面，会因为湿气而发酵。

六周之后，幼虫离开只剩下茎的摇篮，钻进土里。幼虫在土里修筑一个小房间，然后蜷缩在里面。墙壁虽然用的是沙粒，但是不会坍塌，可以整个从土里挖出来。

八月底（四个月后），幼虫变为成虫。在自然环境下，摇篮虫会一直在地下睡到来年四月。幼虫在冬天会一直睡觉，到了四月，不管早生的还是晚生的摇篮虫，都已经准备好在地面生活了。它们来到地面，爬上树木，开始卷树叶。

插画计划场景：

· 葡萄树上的生活　　· 卷葡萄叶的方法　　· 回到地面

59

【摇篮虫】细雪茄卷叶摇篮虫

——卷成的工艺品和稻秆差不多粗

※（别称：白杨卷叶摇篮虫／Byctiscus populi）

【鞘翅目（甲虫类）摇篮虫科卷叶摇篮虫属／体长4～5mm】

细雪茄卷叶摇篮虫的身体很小，背部呈金铜色，腹部则是美丽的蓝色，和日本的细雪茄卷叶摇篮虫很相似，不同的是前翅稍微细长。

这种摇篮虫用西洋山杨树叶卷成的工艺品和稻秆差不多粗，长三厘米，里面有一个虫卵，偶尔会有二至四个虫卵。虫卵是琥珀色的小颗粒，略带黄色。虫卵有时在叶子中心，有时在树叶接缝处的下方。接缝处是用摇篮虫嘴里吐出的黏液固定的。雌摇篮虫专心筑巢的时候，雄摇篮虫也在旁边。雌摇篮虫和雄摇篮虫通常都在一起。

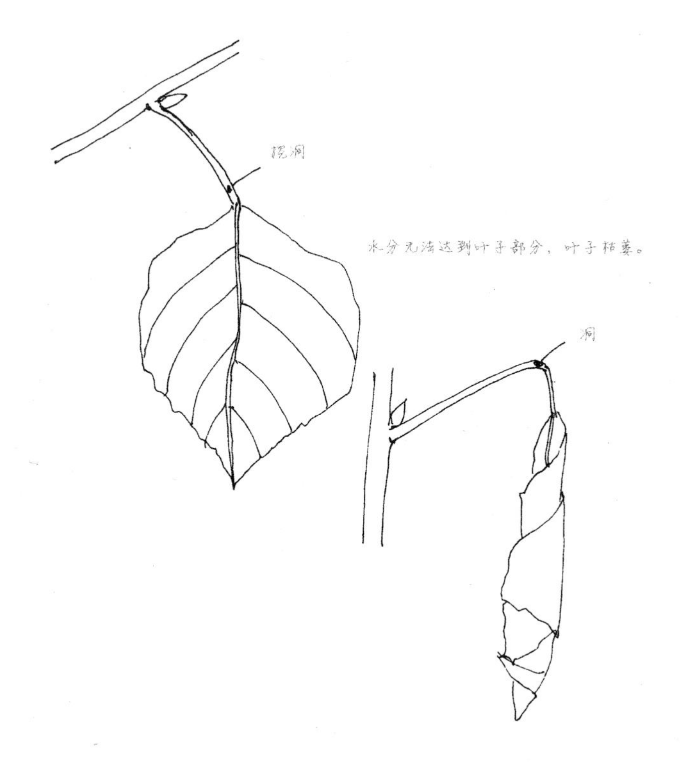

60

【摇篮虫】榛树摇篮虫

——灰色赤杨树上的摇篮虫

※（榛树摇篮虫／Apoderus coryli）

【鞘翅目（甲虫类）摇篮虫科卷叶摇篮虫属／体长6～8mm】

摇篮虫的同类

榛树摇篮虫的颈部呈黑色，身体是鲜艳的红色，和日本普通的摇篮虫很相似。但是，榛树摇篮虫的数量没有日本普通摇篮虫那么多。和日本普通摇篮虫相比，榛树摇篮虫翅膀上的刻纹不明显。在中欧，榛树摇篮虫主要吃榛树、赤杨的树叶。法布尔在灰色赤杨树上发现过这种摇篮虫。欧洲长脚摇篮虫和榛树摇篮虫一样，身体呈红色，身材短小，像球一样圆。

编织摇篮的高手

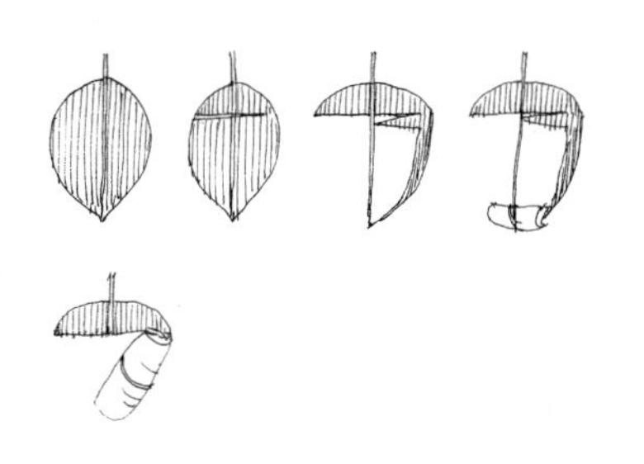

61

【蟋蟀】灌丛蟋蟀

——蝉经常遭到灌丛蟋蟀的袭击

※（灌丛蟋蟀 / Tettigonia viridissima）

【直翅目（蝗虫类）蟋蟀科灌丛蟋蟀属 / 体长 28 ~ 46mm】

灌丛蟋蟀需要吃活食。蝉在夜间经常遭到灌丛蟋蟀的袭击。清晨，灌丛蟋蟀咬住蝉，从悬铃木上下来。这肯定是蝉在树上休息的时候，遭到了袭击。灌丛蟋蟀也吃水果，还吃长须金龟和鳃角金龟。

婚礼

雄蟋蟀和雌蟋蟀面对面摩擦额头，用它们柔软的触角相互抚摸。有时，雄蟋蟀会演奏一下乐器。

第二天一早，再看这对蟋蟀，发现雌蟋蟀产卵管的根部有一个奇怪的袋子。袋子和豌豆差不多大，可以隐约看到这个袋子里分成几个小袋子。袋子紧贴地面，沙粒粘在上面，有点脏。灌丛蟋蟀的雌虫把这个袋子一片片撕下来吃掉。半天不到，就能吃光所有袋子。

奇怪的袋子

欧洲拟蟋蟀（短翅蟋蟀）在婚礼之后，雄蟋蟀就挤出一个奇怪的袋子，袋子和野草莓差不多大，很像蜗牛包裹虫卵的东西。这个袋子里又有七八个小袋子。挤出袋子之后，雄蟋蟀就会摇摇晃晃地逃跑。雌蟋蟀继续拉着和自己身体一般大的袋子，小步爬行。两三个小时之后，雌蟋蟀把身体弯曲，开始用大颚吃袋子。

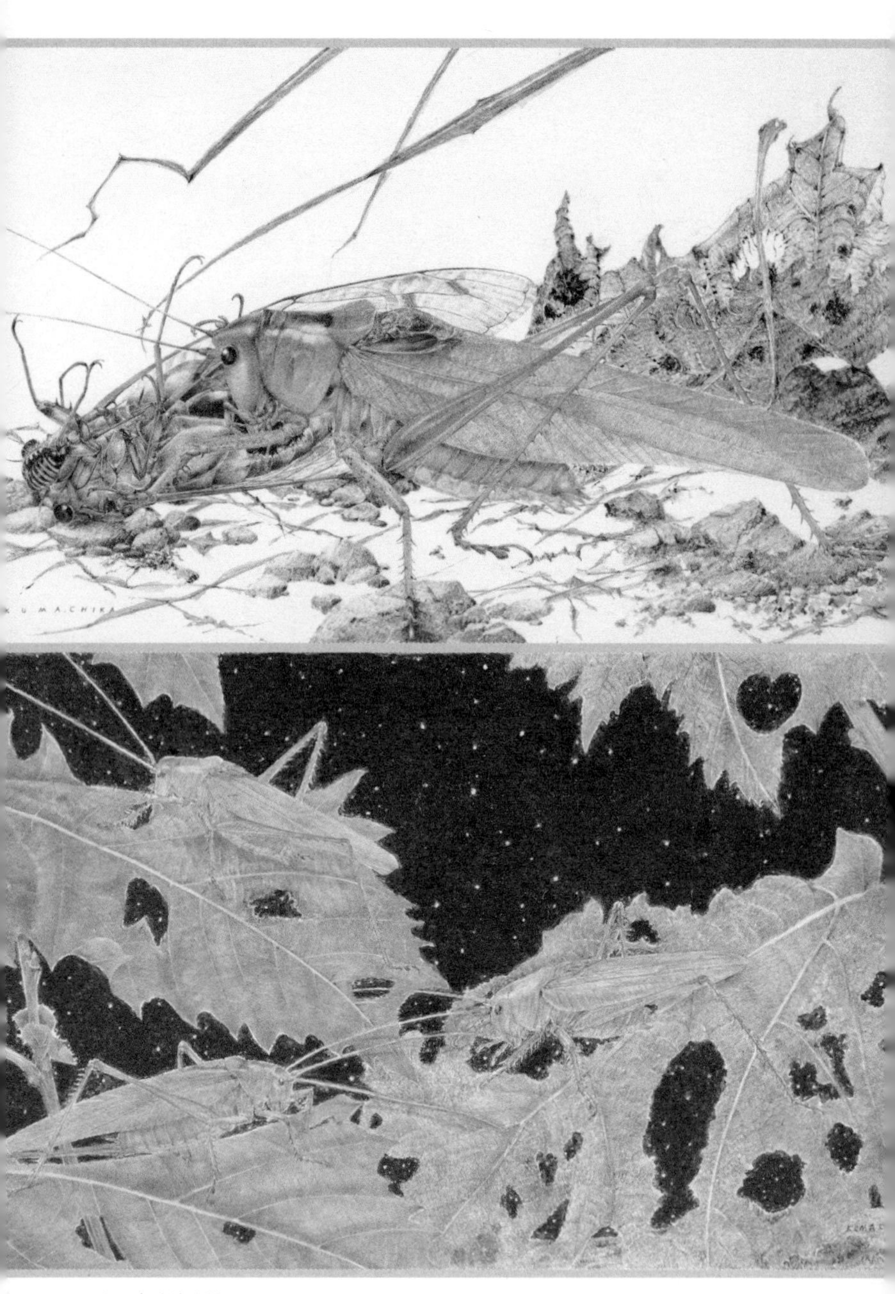

上：危险的乐园

下：悬铃木乐园

第二天就把袋子全部吃掉了。

自然中的情景

一只欧洲拟蟋蟀的雌蟋蟀正拖着袋子前行。袋子和野草莓差不多大，遇到土块，很难拉动。雌蟋蟀拼命地拽，想拉动袋子，可是袋子纹丝不动，牢牢地粘在蟋蟀身上。

插画计划场景：

- 悬铃木上的雄蟋蟀和雌蟋蟀
- 夜景，在悬铃木树上，蝉经常遭到灌丛蟋蟀的袭击
- 灌丛蟋蟀咬着蝉从树上下来
- 婚礼

62 【松树行列蛾的幼虫】松树行列毛虫

——排成长队吃树叶

※（松树行列毛虫／Thaumetopoea pityocampa）

【鳞翅目（蝶、蛾类）舟蛾科松树行列蛾属／体长 35 ~ 40mm】

虫卵

八月上旬，如果查看松树枝，可以发现在暗绿色的松叶上，粘着白色细小的筒状物，这些筒状物就是松树行列蛾产下的卵。每个白色小筒都是一只雌蛾产下的卵块。松叶是两两成对的，而这些筒状外套就包裹在松叶根部。外套是白色的，略带褐色，表面覆盖着鳞片。鳞片排列整齐，如同屋顶的瓦片。鳞片基本呈圆卵状，褐色，边上是深褐色，下部略微隆起。雌蛾为了保护虫卵，拔下自己的一些毛粘在鳞片上。蛾的尾部有一个鳞片状的薄片粘在虫卵上，把虫卵包裹起来。每个卵块有九列，每列大约有三十五粒卵，共约三百粒卵（一只蛾产下的卵）。

幼虫

九月，卵块开始孵化。小毛虫从卵里爬出来是在早晨八点钟前后，此时还没有阳光。幼虫顶开虫卵表面的鳞片，探出黑色的脑袋。毛虫只有一毫米长，呈淡黄色，浑身长满黑色短毛和白色长毛。幼虫头很大，黑亮亮的，头的直径是身体的两倍。小毛虫咬破虫卵顶部，一个接一个地从卵里爬出来。毛虫出来之后，覆盖着鳞片的卵块依然保持原状。

毛虫的食物

毛虫刚出生就能吃坚硬的松叶，它们一个接一个地爬上两根松叶。毛虫啃食松叶，只留下叶脉，所以松叶上布满细槽。毛虫吃饱肚子，就会三四只排成一列爬行。但是，它们很快又会分开，各自爬行。太阳出来之后，毛虫全部退回到松叶根部，聚在一起，开始吐丝，搭建帐篷。毛虫嘴里吐出细丝，搭起帐篷，天热的时候就可以在里面睡午觉。傍晚，太阳下山，毛虫又开始排成队大吃松叶。这些小毛虫一孵化出来就开始活动，有些毛虫从卵里出来还没有一小时，就会排队搭帐篷。

（小毛虫的）帐篷

小毛虫搭建一顶和榛树果一样大的小帐篷需要花二十四个小时。两周之后，帐篷变得跟苹果一样大。这种帐篷只供临时使用，暖和的季节在里面完全没有问题。小毛虫用细丝围住松叶，做成帐篷，然后躲在帐篷里吃松叶，这样就不用到外面冒险。但是，小毛虫啃食支撑帐篷的松叶，松叶就会枯萎凋落，帐篷会跟着倒塌。小毛虫就需要搬到别处去搭建新帐篷。

大约数周之后，小毛虫开始蜕皮。除了身体前面的三节，毛虫背部出现红色斑点，前面和后面各有两个图纹。毛虫长二厘米，宽三四毫米。

巢穴

十一月，寒冬来临。毛虫开始在野地松、海岸松、阳伞松上搭建越冬用的坚固住宅。它们在松树顶端选择一处叶子长得茂盛的枝干。首先，毛虫用自己吐出的较粗的丝把松叶包裹起来。然后，它们把周围的松叶折弯，最后用丝把松枝完全罩住。这样，一个用松叶和细丝做的帐篷就建好了，它可以抵御冬天的严寒。十二月初，帐篷变得有两个拳头握起来那么大，里面容积可达两升左右。巢穴外形很像鸡蛋，下方略微细长，就像一个口袋。

排队

行列毛虫晚上外出啃食松叶。夜幕降临，毛虫就开始外出，在黑暗中寻找食物。只要天气好，每天晚上七点至九点，毛虫就会离开巢穴，沿着帐篷的中心枝干爬下来。这条通道只有瓶口那么宽。毛虫夜间行走全靠触角，它们触摸着自己吐出的丝带行走。有了这条丝带，毛虫就不会迷路。毛虫的行列长短不一，长的行列有三百只毛虫，长度可达十二米。有的行列只有两三只毛虫。毛虫慢慢爬下来，最后住在帐篷里的毛虫全部聚集到了松枝上。这些毛虫分队前行，分散到各个松枝上吃松叶。所有毛虫一边走路一边吐丝。因为进出都吐丝，所以这些丝带最后都变成了口袋。帐篷上方鼓起，呈圆卵状，下部是牢固的口袋。松树行列毛虫的帐篷中心有一大块白色不透明的部分，四周用薄薄的细丝包裹。中心部分的丝线交织在一起，构成一道厚壁。包裹在细丝里的绿色松叶完好无损，支撑着帐篷。帐篷壁厚约二厘米。帐篷的圆顶部分有许多铅笔一样粗的圆洞，这些洞是巢穴的出入口。在卵状巢穴表面，常有一些毛虫没有啃过的松叶露出来。这些松叶的叶尖上挂满细丝，呈放射状散开。细丝相互交错在一起，把四周包围起来，形成毛虫巢穴的阳台。

蛾

三月中旬，一百只行列毛虫排成三米长的队伍，在沙地上行进。很快，毛虫就分成几个小队，开始寻找向阳的暖和地方。找到恰当的地方之后，所有毛虫就开始用脚扒土，用嘴挖洞，然后钻进土里结茧。巢穴在地下约二十厘米处。茧呈细椭圆形，两端尖。茧长十五毫米，宽九毫米，呈白色。

蛾在七八月间来到地面。松树枯叶蛾从茧里出来的时候，全身裹着圆筒形外套。翅膀折叠起来，刚好收在外套下面。触角弯曲在腹部，全身的毛向后倒，只有脚可以自由活动。出生后二十四小时，枯叶蛾幼虫一会儿在沙地爬行，一会儿停在松枝上，迟迟没有羽化。枯叶蛾不能飞得太远，它飞行的力量和蚕蛾差不多，只能在地面轻舞。飞得好一点，它才能勉强够到离地面很近的低松枝。枯叶蛾就在低松枝上产卵。

63

【萤火虫的幼虫】萤蛆

——从生到死都在发光

※（萤蛆／Lampyris noctiluca）

【鞘翅目（甲虫类）萤科 Lampyris 属／体长 16 ~ 21mm】

萤蛆的发光器

萤蛆的发光器由两部分构成：一个是第二节身体上的带状物，另一个是第三节身体上的两个发光点。第二节身体上的光带非常漂亮，发出的光白中带蓝。

萤蛆的雄虫和雌虫

雄虫很漂亮，蜕皮之后变形。成虫有翅膀和夹翅，屁股上有盏小灯。萤火虫从幼虫开始就有这盏小灯，这盏灯一生发光。雌虫没有翅膀，有六条奇怪的腿，一生都保持幼虫的形态。雌虫又叫“发光蛆”，但它不像蛆虫浑身赤裸，而是身穿亮晶晶的褐色衣服。雌虫胸部及下方呈浅红色，每节身体的后端都有两个褐色的小花结。

雄虫的背部和腹部都可以看到亮光，雌虫只有腹部发光。

结婚

到了夜晚，雌虫就爬上高树顶端，然后开始做剧烈动作。雌虫一会儿弯曲扭动腹尖，一会儿复原，重复做着这些动作。雌虫这样做，可以使它的腹部发光器朝向任何方向，飞行在空中的雄虫能很快捕捉到这个信号。雄虫胸部隆起，上面有一个帽檐。这一装置可以保证雄虫能在很远的地方接收到光亮。帽檐下有两个很大的眼球，可以感知弱小的光线。眼球深陷在帽檐下面，几乎占据了雄虫整个额头。

产卵

虫卵是圆形、白色的。雌虫随意把卵产在湿地上或者草丛里。雌虫只管产卵，根本不照顾虫卵。虫卵在雌虫腹内就已经能够发光。虫卵产下来之后马上孵化。出生的幼虫，无论雄雌，屁股上都有两盏小灯。

越冬

寒冬降临，幼虫们都钻入地下，但是钻得不深。到了四月，它们重新回到地面。萤火虫从生到死，一生都在发光。

食物

萤蛆是一种肉食性昆虫，捕猎手法残暴。萤蛆主要靠捕食蜗牛为生，蜗牛是它们最普通的猎物。萤蛆捕捉的是变形蜗牛，这种蜗牛很小，只有樱桃果实那么大。夏季，变形蜗牛主要聚集在路边的干草茎上。萤蛆在摇摇晃晃的草茎上捕食猎物。

捕猎方法

萤蛆先试探一下猎物。蜗牛身体已经缩进壳内，但是还有一部分暴露在外面。萤蛆用两个大颚（弯曲成钩状，非常锋利，细如发丝）连续击打蜗牛露出的部分。这个动作与其说是咬，不如说是抚摸。萤蛆的动作悄然无声，像是在搔痒。击打四五下之后，蜗牛完全被麻醉。蜗牛在地面爬行的时候，萤蛆也能从容攻击。如果平整的石头上有草茎掩护蜗牛身体不露出来，萤蛆就无法攻击。萤蛆不咬食猎物，而是将猎物融化后喝掉。吃猎物的时候，通常会有两三只萤蛆一起吸食同一猎物。两天过后，翻开蜗牛壳，可以发现壳内有水流出，壳里面只剩下很少的残渣。

插画计划场景：

- 草上的雌虫和盘旋的雄虫

  （雄虫与雌虫的区别）

- 雌虫在草上捕食蜗牛

- 夜晚的婚礼

- 产卵、孵化、越冬

64-1

【蝗虫】灰色蝗虫

——和螳螂包裹虫卵的工作很相似

※（灰色蝗虫／Locustam igratoria）

【直翅目（蝗虫类）蝗虫科灰色蝗虫属／体长 45 ~ 65mm】

灰色蝗虫发不出声音，它喜欢阳光充足的地方。

灰色蝗虫在四月底产卵。产卵的时候，雌蝗虫把长长的身体弯曲成九十度直角。然后像开锁器一样，把屁股前端一点点伸入土里。洞穴的深度正好和蝗虫身体所能伸展的长度一致。蝗虫在挖掘产卵洞穴的时候，如果找不到适当的地方，它会挖上五六次来寻找。蝗虫的洞穴与地面垂直，和铅笔差不多粗。产卵的时候，雌蝗虫一直把身体伸到洞穴里面。翅膀在地面张开，搞得皱巴巴的。产卵需要一个小时，产卵结束后，雌蝗虫一点点抬起身体。这时，产卵管里会淌出黏稠的液体，液体搅拌之后变成泡沫。这种白色泡沫像牛奶一样，慢慢凝固。这和螳螂包裹虫卵的工作很相似。泡沫在垂直的洞口像乳房一样鼓起来，看上去很像隆起的花蕾。雌蝗虫做好这种花蕾一样的东西之后，就到别处去了。然后休息几天，继续产卵的工作。泡沫有时不会溢出洞口，而是在洞口下面一点的地方。周围的土会坍塌下来，盖住洞口。

挖地调查

蝗虫的卵在地下三四厘米深处，被凝固的泡沫包裹着。虫卵在泡沫下方，沉在泡沫中间，如同被灌装在里面一样。上面的泡沫有些破碎，这些破碎的泡沫一直堆到洞口。里面有虫卵的泡沫呈圆筒形，长六厘米，宽八毫米，灰色中略带褐色，像一根拉长的绳子。泡沫如果溢出洞口，就会像一个隆起的花蕾。虫卵被泡沫包裹着，排列有点斜。虫卵长度约占泡沫总长的六分之一。一个蝗虫巢穴大约有三十粒虫卵。雌蝗虫要产好几次卵。

上：小蝗虫的天堂

下：灰色蝗虫产卵

蝗虫的成长

灰色蝗虫的幼虫又胖又丑，身体颜色很普通，呈淡绿色。不过，有些幼虫的绿色中略带蓝色。也有的幼虫是脏兮兮的黄色，或者是褐色。有些幼虫和成虫一样是灰色。幼虫前胸有些凸凹，上面散布着白色小点。幼虫后足已经和成虫的一样大，大腿上有条红筋。幼虫小腿很长，上面长着两道锯齿。夹翅用不了几天就长得比身体还长。开始是两个三角形小翅膀，翅膀上部连着后背。三角翅下面还隐藏着两片翅膀。

幼虫蜕皮的时候，表皮首先出现裂纹，从裂纹处可以看到柔软的灰色后背。后背渐渐拱起，形成一个大瘤。表皮最终完全破裂，后背伸了出来。等到头出来之后，成虫的身体就可以轻轻松松地从皮里出来了。接着出来的是前足，然后是夹翅和薄翅。这个时候的翅膀还是皱巴巴的，等干了之后，可以增大四倍。再接着后足出来，后足颜色很快变成红色条纹状。蜕皮后的蝗虫肚子鼓鼓囊囊的。过了二十分钟，蝗虫猛然伸直后背，抬起悬在空中的身体，抓紧身下的空壳。蝗虫稍微向上爬一点，四条前足牢牢支撑住身体，猛地一抖，把空壳甩掉。空壳落向地面。

蝗虫的翅膀从肩膀处开始伸展。翅膀三个小时就能全部展开，像一片大帆耸立在蝗虫的后背上。翅膀很快变干，染上颜色。接着，翅膀就像扇子一样，整齐地收起来。灰色蝗虫很快变得略带褐色，完全变为成虫的姿态。

插画计划场景：

- 成虫的姿态（生态图）
- 雌蝗虫产卵（断面图）

64-2

【蝗虫】天蓝蝗虫

——翅膀是天蓝色的小蝗虫

※（别称：蓝翅蝗虫 / Oedip oda caerulescens）

【直翅目（蝗虫类）蝗虫科 Oedipoda 属 / 体长 22 ~ 28mm】

天蓝蝗虫是一种小蝗虫，它的翅膀是天蓝色的，上面有黑色条纹。天蓝蝗虫产卵的姿势和意大利蝗虫相同，把腹部直插入土中，身体几乎全部埋进沙土里。这种蝗虫产卵大约需要三十分钟，结束后把身体拉出来。随后把后足高高抬起，向洞口拨沙土，再用脚踏平，然后离去。

天蓝蝗虫的巢穴很像倒置的逗号，下部宽大，上部细小。虫卵产在宽大的巢穴下部，数量大约三十粒。虫卵颜色是鲜艳的橘黄色。虫卵包裹在泡沫里，虫卵上方的泡沫呈弯曲的圆锥形。当幼虫咬破卵壳孵化出来时，身体大部分是白色的，略带淡淡的黑褐色。触角、胡须、脚紧贴胸部和腹部，头部严重弯曲，脚相对自由。幼虫伸开脚，开始挖掘上面的屋顶。幼虫想要到达地面很不容易。持续数日，幼虫终于出来了。幼虫稍事休息，开始第一次蜕皮。蜕皮之后的颜色是白色的，但是体型已经是幼虫了。蝗虫第一次试着用后足跳跃。

64-3

【蝗虫】精灵蝗虫

——停在高处产卵

※（别称：欧洲精灵蝗虫 / Acrida ungarica）

【直翅目（蝗虫类）蝗虫科精灵蝗虫属 / 体长 50 ~ 75mm】

关在笼子里的精灵蝗虫讨厌吃叶子，法布尔就给它们活食。精灵蝗虫有时也吃弱小的同类（同类相食）。

精灵蝗虫停在高处产卵。十月初，蝗虫咬住笼子的网眼，开始在高空中慢慢产卵。虫卵流淌出来，宛如波状泡沫。虫卵凝固成鼓鼓囊囊扭曲的粗绳形状。虫卵流淌一个小时，任意落在地上。雌蝗虫只管产卵，其余一概不管。虫卵开始是麦秆一样的黄色，随后渐渐变成褐色，第二天变成铁锈色。虫卵数量大约二十粒，呈琥珀色。虫卵的形状像一个顶端被压扁的纺锤，长八九毫米。

精灵蝗虫（续）

八月，可以看到灰色的小蝗虫在草地上跳来跳去。十月底，草地上可以看到大量的小精灵蝗虫。不过，其他种类的蝗虫都是以虫卵越冬，要到春天才孵化。刚出生的幼虫沿着（泡沫）洞穴往上爬，接近地面的时候，幼虫捅破土屋顶，来到地面。

插画计划场景：

- 成虫或者幼虫
- 精灵蝗虫在高处产卵

64-4

【蝗虫】意大利高丽蝗虫

——雄蝗虫和同类好奇地看着产卵中的雌蝗虫

※（别称：意大利蝗虫／Calliptamus italicus）

【直翅目（蝗虫类）蝗虫科 Calliptamus 属／体长 23 ~ 34mm】

意大利蝗虫用后足大腿摩擦身体发出声音。在阳光明媚的日子叫声响亮，天阴的时候不叫。

意大利蝗虫背部滚圆，身体呈红褐色。翅膀根部是浅红色，其余部分无色。后足小腿是葡萄酒一样的红色。身上有蓝绿色斑点。

雌蝗虫寻找光照好的地方产卵。找到之后，雌蝗虫慢慢地把屁股上的探针直插进沙土里，不急不慢地把针往土里越插越深。屁股全部插进沙土里之后，雌蝗虫通过产卵管产卵。这个时候，体型较小的雄蝗虫来到旁边，好奇地看着产卵中的雌蝗虫。有时，还会有几只雌蝗虫在旁边一起看。过了四十分钟，雌蝗虫拔出探针，飞向别处。

意大利蝗虫产卵的洞穴上方有些扭曲，上方的泡沫有两层,第一层和第二层有洞穴连接，第二层通向洞穴出口。

插画计划场景：

· 成虫的形状

· 产卵的雌蝗虫和在一旁观望的雄蝗虫

· 产卵断面图

简陋的乐器

NUMACHIKA

64-5

【蝗虫】红腿蝗虫

——一直保持幼虫的体型

※（别称：款冬蝗虫 / Podisma pedestris）

【直翅目（蝗虫类）蝗虫科札幌款冬蝗虫属 / 体长 17 ~ 19mm】

红腿蝗虫生活在法国普罗旺斯地区的班杜山顶，和开白花的高山樱草是朋友。红腿蝗虫背部是浅褐色，腹部是黄色。大腿下部是珊瑚一样的红色，后足是漂亮的蓝色。红腿蝗虫一直保持幼虫的体型，翅膀很小，不会飞行，只能行走，也不会发出声音。（高山）红腿蝗虫的巢穴很像倒置的逗号，细小部分朝上。虫卵数量大约有两打，颜色是深褐色。虫卵表面凹凸不平。

64-6

【蝗虫】车拟蝗虫

——虫卵表面有漂亮的网状突起

※（别称：姬拟蝗虫／Oedaleus decorus）

【直翅目（蝗虫类）蝗虫科车拟蝗虫属／体长25～43mm】

拟蝗虫的卵块呈弯曲的圆筒状，下部较大，上部非常平整。卵块长三至四厘米，宽五毫米，里面大约有二十粒虫卵。虫卵大部分呈褐色，略带橙色，表面有漂亮的网状突起。包裹卵块的泡沫很少，泡沫上方有一个玻璃一样的圆柱，非常细长，便于吸水。

65

【蟋蟀】乡村蟋蟀

——蟋蟀在巢穴门口唱歌

※（乡村蟋蟀／Gryllus campestris）

【直翅目（蝗虫类）蟋蟀科双星蟋蟀属／体长 20 ~ 25mm】

乡村蟋蟀有一个真正像样的家。它的家建在草地斜坡，那儿阳光充足。乡村蟋蟀一直住在这个家里。

法国普罗旺斯地区的蟋蟀中，欧洲黑蟋蟀、南欧蟋蟀和红支那蟋蟀不筑巢。欧洲黑蟋蟀的巢在土地潮湿的腐烂树叶下面，南欧蟋蟀的巢在翻开的干土块中间，红支那蟋蟀住在厨房的角落。

这些蟋蟀的外貌和体型与乡村蟋蟀很相似，粗略一看很难分辨出来。欧洲黑蟋蟀和乡村蟋蟀差不多大，只稍微大一点。南欧蟋蟀只有乡村蟋蟀的一半大。红支那蟋蟀则更小。

★意大利蟋蟀：身体细小瘦弱，白色。住在灌木丛上和高高的草叶上，很少到地面。七月到十月，在安静的炎热傍晚鸣叫。歌唱从日落开始，持续到深夜。

巢穴

乡村蟋蟀挖的洞穴是倾斜的，刚够伸进一根手指。根据地面情况，有的洞穴垂直向下，有的洞穴是弯曲的。一株杂草可以遮盖一半巢穴。杂草是乡村蟋蟀的食物，也可以为蟋蟀遮风挡雨，掩蔽洞口。

巢穴洞口是一段缓坡，这一部分修筑得非常精细。蟋蟀在这里唱歌，墙壁上没有一点凹凸。洞穴深处有个房间，是客厅。这里比较宽敞，打磨得非常整洁。蟋蟀用前足扒土挖洞，用大颚把土块搬运出去。蟋蟀频繁使用后足，收集沙土，一边后退一边把沙土扫出洞穴。上面是蟋蟀挖洞的全部过程。

上：爱巢
下：爱情小夜曲

最后完成的洞穴深约二厘米，乡村蟋蟀可以暂时安居于此。以后，乡村蟋蟀只要有时间，可以慢慢地每天做一点挖洞的工作。冬天天气好的时候，乡村蟋蟀还在挖洞。四月结束的时候，蟋蟀开始唱歌。

产卵

六月初，雌蟋蟀把产卵管直插进土里，产完卵之后，再把产卵管拔出来，然后清扫干净洞穴的痕迹。雌蟋蟀稍事休息之后，先在周围转悠，然后接着产卵。虫卵和麦秆一样，是金黄色的。虫卵两端有点圆，长约三毫米。虫卵在土里是分开来垂直排列的，有时几粒聚集在一起。虫卵数量有五六百粒。虫卵顶端有一个整齐的圆口，圆口周围有一个红帽子，可以盖住圆口。帽子可以自然打开。二十四小时之后，幼虫孵化出来。刚出生的幼虫是白色的，很快就变成全黑色。幼虫在胸部周围保留了一些浅色，像斜挎着带子。幼虫挥舞长长的触角，欢快地跳来跳去。但是，小壁虎和蚂蚁会捕食蟋蟀幼虫。到了八月，幼虫完全长大，但是还没有固定住所，这样的漂泊生活一直要持续到中秋时节。黄翅穴蜂捕食蟋蟀正是在这个季节。乡村蟋蟀十月底开始筑巢。

蟋蟀的婚礼

傍晚，雄蟋蟀来到雌蟋蟀的家门口，在洞口广场举行婚礼。晚上的夜路虽然只有十步之遥，但是这段距离对蟋蟀来说非常艰难。出去这么远，雄蟋蟀可能再也回不了自己的家了。此时的雄蟋蟀可能没有目的地，没有住所，只是在四处游荡。雄蟋蟀既没有时间也没有力气重新筑巢防身。雄蟋蟀夜间行走，如果遭遇蟾蜍，就会被吃掉。雄蟋蟀为了找媳妇，需要丢弃巢穴，甚至遇害身亡。

两只雄蟋蟀为了一只雌蟋蟀在打架。它们面对面，撕咬对方的盔甲，摔倒在地上争斗。失败的一方落荒而逃，胜利的一方唱起凯歌，围着雌蟋蟀转圈。此时，雌蟋蟀却跑到一边，躲在阴暗处看着雄蟋蟀。雄蟋蟀重新开始唱歌，雌蟋蟀这才出来。雄蟋蟀和雌蟋蟀开始举行婚礼。

卿卿我我之后就是产卵。接下来，雌蟋蟀就要虐待雄蟋蟀了。雄蟋蟀受到虐待，身体残缺不全，腿也掉了，夹翅也断了。有时，雄蟋蟀逃到广阔的荒原上，但是逃出来之后很快就会死去。雌蟋蟀继续存活一段时间。幼虫孵化出来之后，雌蟋蟀和幼虫一起生活。如果不把雄蟋蟀和雌蟋蟀放在一起，雄蟋蟀可以活得更长。笼子里的雄蟋蟀寿命很长，存活时间是普通成虫的两倍。

插画计划场景：

· 筑巢的蟋蟀和巢穴内部（断面图）

· 婚礼

雄蟋蟀在雌蟋蟀的家门口演奏乐器

66

【蟋蟀】白面伊吹蟋蟀

——不折不扣的肉食蟋蟀

※（别称：白面蟋蟀 / Decticus albifrons）

【直翅目（蝗虫类）蟋蟀科萨哈林蟋蟀属 / 体长 32 ~ 38mm】

白面蟋蟀身体是灰色的，大颚强壮有力，有一副象牙白的宽大面孔。在阳光充足的岩石下的草丛里，可以看到白面蟋蟀飞来飞去。

白面蟋蟀虽然吃稗穗，但却也是不折不扣的肉食蟋蟀。它主要吃蓝翅蝗虫、意大利蝗虫、姬拟蝗虫、精灵蝗虫等，其中最喜欢吃的是蓝翅蝗虫。白面蟋蟀用前足上的钩抓住猎物，首先咬住它们的脖子。脖子是蝗虫的要害部位。蝗虫没有头也能跳跃，即使头被咬掉一半，蝗虫仍然会拼命踢打对手，使出最后的力气逃跑。所以，白面蟋蟀会咬住蝗虫的脑神经，把它抽出来。

白面蟋蟀的婚礼

八月底，雄蟋蟀和雌蟋蟀面面相对，没有音乐伴奏。它们额头贴着额头，一动不动，只用触角相互抚摸。两只蟋蟀很快就各自走开。第二天，他们重复相同的动作。

婚礼后数日

数日后，雄蟋蟀和雌蟋蟀相遇，雌蟋蟀把雄蟋蟀打翻在地，然后按住。雌蟋蟀举起宝剑（刺），高高抬起后足，把雄蟋蟀的翅膀撑开，轻轻撕咬雄蟋蟀翅膀根部的肉。随后，雄蟋蟀落荒逃走。

再次相遇

雄蟋蟀被雌蟋蟀打翻，仰面朝天，横躺在地上。雌蟋蟀长长的后足用力站稳，跨在雄蟋蟀的身体上，尾巴上的宝剑呈直角站立。只见雄蟋蟀浑身颤抖，身体里鼓出一个巨大的怪东西，就像雄蟋蟀的内脏被挤压了出来。这种奇异的袋状物和槲寄生的果实差不多。袋状物被一些浅槽分成数块，上面有四个口袋。上方两个小口袋，下方两个大口袋。雌蟋蟀离开的时候，一直用宝剑拖着这个奇异的袋状物，这个袋状物对孵化虫卵非常重要。

续上

遭到雌蟋蟀的攻击，雄蟋蟀非常吃惊。可是等雄蟋蟀缓过神来，它又愉快地演奏起乐器。雌蟋蟀撑开后足，身体弯曲成环状，用大颚衔着袋状物，轻轻咬嚼挤压。雌蟋蟀把袋状物表面一点点撕开，慢慢吞食，最后全部吸进肚子里。雌蟋蟀二十分钟时间里一直做着相同的事。袋状物最后全部被吃掉，只剩下根部的一点胶质纤维。雌蟋蟀抓着这个胶质的大东西，一刻也不放手。雌蟋蟀一边慢慢地嚼着胶质物，一边揉搓它，最后一滴不剩地把它喝干净。雌蟋蟀吃完大餐之后，袋壳还粘在原来的地方。这个袋壳最引人注意的是有两个芥末粒大小的水晶一样的突起。为了吃这个袋壳，雌蟋蟀采取了少有的姿势。首先，雌蟋蟀把一半产卵管插进土里，产卵管起到支撑身体的作用。雌蟋蟀撑开后足，把身体高高抬起。后足和宝剑（产卵管）形成一个三角形。然后，雌蟋蟀把身体弯曲成环状，把袋壳一片片撕下来，全部吞进肚子里。袋壳是由玻璃一样的胶质物构成。最后，雌蟋蟀拔出插在土里的产卵管，用触角尖把它清理打磨干净。雌蟋蟀很快恢复原来的姿势，开始若无其事地吃起稗穗来。

雄蟋蟀挤出袋状物之后，有点精神恍惚，有气无力，呆在原地一动不动。恢复体力之后，雄蟋蟀站起身来，开始走动。过了十五分钟，雄蟋蟀会吃一点东西，然后开始演奏乐器。雄蟋蟀有些神志不清。雄蟋蟀挤出袋状物之后，就没有任何用处了。雄蟋蟀们挤出袋状物之后，就无法再做相同的事情了。雄蟋蟀已经疲惫不堪，不吃不喝，四处寻找安静的藏身之处。不久，雄蟋蟀就摔倒在地，浑身痉挛，张开后足死去。此时，雌蟋蟀从旁边经过，看到死去的雄蟋蟀。为了表示哀悼，雌蟋蟀会啃掉雄蟋蟀的一条大腿。

★拟蟋蟀例外，雌蟋蟀在产卵季节捕食雄蟋蟀，大部分雄蟋蟀都会被雌蟋蟀咬死。

产卵

雌蟋蟀六条腿牢牢站稳，身体弯曲成半圆形，把产卵的宝剑直插进土里，深度约三厘米。雌蟋蟀十五分钟一动不动。最后，雌蟋蟀稍微拔起宝剑，身体左右剧烈晃动，也带动宝剑左右晃动。这样一来，插进宝剑的洞穴就会扩大。随着宝剑晃动，洞壁上的土粒就会掉下来，把洞底埋起来（填埋水井）。雌蟋蟀保持姿势不动，腿也不动，只用宝剑扒土。过了一会儿，在距离刚刚产卵不远的地方，雌蟋蟀又接着开始产卵。雌蟋蟀在一个小时不到的时间里，五次把产卵管刺进土里产卵。在接下来的几天里，雌

★同类相食在蟋蟀的同类之间非常普遍。

蟋蟀一直在同一地点产卵，每次产卵都间隔一段距离。雌蟋蟀把卵一粒一粒地产在洞穴里，虫卵大约有六十粒，呈浅灰色。虫卵细而长，呈椭圆形，长五六毫米。

幼虫

白面蟋蟀有长触角和长腿，保持这样的体态根本无法爬到地面。在土里穿行需要特别的体型。

白面蟋蟀的卵袋白里透红，里面包裹着幼小的蛆虫。蛆虫的六条腿和触角紧贴在一起，头向胸部弯曲。蛆虫的脸渐渐长大，脸上有黑点，那是蛆虫的眼睛。蛆虫颈部像领口一样张开，领口一鼓一缩，带动蛆虫前进。领口一收缩，蛆虫就把前面的湿土向后推，形成一个浅坑，然后顺着浅坑向上爬。接下来，领口鼓起，形成一个疙瘩，正好卡在浅坑里。蛆虫以浅坑为支点移动。蛆虫就这样一鼓一缩，一步一步地在地面前行，每步只能走一毫米。蛆虫来到洞口，把一半身体伸在外面，稍事休息。然后用力鼓起颈部的疙瘩，冲破卵袋，褪去外衣，变成幼虫。此时的幼虫颜色很浅，不过很快就会变成褐色。幼虫的后足大腿处有白色的筋。

插画计划场景：

- 在草上捕食其他蝗虫
- 婚礼
- 产卵
- 幼虫出生（土里的断面图）
- 飞出地面的幼虫生活

67

【蝗虫】高岭蟋蟀

——乐器是两片小小的鳞片

※（高岭蟋蟀／Anonconotus alpinus）

【直翅目（蝗虫类）蟋蟀科 Anonconotus 属／体长 16 ~ 22mm】

高岭蟋蟀生活在法国普罗旺斯地区班杜山的山脊上。身体下部纯白，背部是黑色，略带橄榄绿，有时是鲜艳的绿色，有时是浅褐色。高岭蟋蟀翅膀很小，徒有翅膀的虚名。雌蟋蟀没有夹翅，取而代之的是两根分开的像短棍一样的东西。雄蟋蟀的前胸边上有两片小小的鳞片，鳞片是白色的，左面的鳞片盖在右面的鳞片上。高岭蟋蟀的乐器就是这两片小小的鳞片。

高岭蟋蟀的婚礼

雄蟋蟀和雌蟋蟀见面是在铁丝网上。佩戴宝剑（刺）的雌蟋蟀牢牢抓住铁丝，支撑着雄蟋蟀。雄蟋蟀背部朝下，与雌蟋蟀朝向不同。雄蟋蟀大腿是红色的，它用长长的后腿抓住雌蟋蟀的身体，用四条腿（有时用大颚）抓住斜着站立的雌蟋蟀的宝剑。如果在地面上，雄蟋蟀和雌蟋蟀的姿势相同，不过雄蟋蟀背部朝下，横躺在地上。过了一会儿，雄蟋蟀从腹部挤出一个奇异的小球，很像葡萄的种子。雄蟋蟀很快就逃走了（害怕被雌蟋蟀吃掉）。二十分钟之后，雌蟋蟀把身体弯曲成环状，开始咬嚼小球。雌蟋蟀两天之后产卵。

插画计划场景：

- 在草上捕食蝗虫的伊吹蟋蟀
- 婚礼
- 产卵
- 幼虫出生（土里的断面图）
- 飞到地面的幼虫生活

68

【蚂蚁】红武士蚁

——不管遇到什么情况，一定按原路返回

※（红武士蚁／Polyergus rufescens）

【膜翅目（蜂类）蚁科武士蚁属／体长6～10mm】

红武士蚁不擅长抚育下一代，也不太会采集食物，它们需要奴隶来搬运食物和做家务。于是，红武士蚁就掳掠其他蚂蚁的孩子给自己当奴隶。红武士蚁袭击住在周围的其他种类蚂蚁的巢穴，夺取它们的蛹和茧。

六月至七月，夏日来临，一个个红武士蚁从巢穴里出来，开始出发远征。它们行军的时候排成五六米长的队伍，如果沿途没有障碍物，蚂蚁队列会非常整齐。如果发现其他蚂蚁的巢穴，先头队伍马上停下脚步，整队人马迅速散开，将巢穴团团包围起来。随后，红武士蚁派出侦察兵进行调查。如果消息错误，红武士蚁就重新排队，继续前进。如果途中遇到枯树叶堆，红武士蚁就从底下爬过去。爬过枯树叶堆之后，红武士蚁继续前行。红武士蚁发现黑山蚁的巢穴，会迅速发起攻击，红武士蚁抢到黑山蚁的蛹后，就会马上出来。在地下，如果遭遇黑山蚁军队的抵抗，双方会发生激烈的战斗。最终还是红武士蚁占优势，黑山蚁数量太少，很快就被打败了。红武士蚁用大颚衔着黑山蚁的茧，整队返回。

红武士蚁返回的路线是固定的，回去的时候沿着来时的路线返回。红武士蚁不管遇到什么情况，一定按原路返回。

法布尔的实验

法布尔用水管浇水，蚂蚁的道路有大约一步长的距离被水淹没了。蚂蚁的气味应该完全被冲掉了。法布尔共放了十五分钟的水。蚂蚁队伍来到小河前，徘徊了很长时间。最后，蚂蚁跳进水里。有的蚂蚁被水流冲走了。有些蚂蚁衔着猎物，在水里爬行，在水浅的地方挣扎上岸。有些蚂蚁爬上水里的碎稻秆过河。还有些蚂蚁自己游过小河。最后，所有蚂蚁渡过河，返回了巢穴。

巢穴附近

红武士蚁打完仗回巢的时候，法布尔用一片枯树叶托起一只蚂蚁，把它向南移了两三步。结果，这只蚂蚁完全辨别不清方向，变得六神无主，来来回回乱转。这只蚂蚁衔着猎物乱走，离同伴越来越远了。有时好像回来了，结果又走远了。最后完全失去了方向感，不知走到哪儿去了。

法布尔又把蚂蚁移到北面（蚂蚁经常经过的地方）。这一次蚂蚁很快找到了大部队。蚂蚁在熟悉的地方能够迅速找到方向，这说明蚂蚁没有特殊感官来辨别方向。蚂蚁大概能够记住位置。

插画计划场景：

- 红武士蚁排队行军
- 红武士蚁袭击黑山蚁的巢穴
- 蚁队带着蛹回巢
- 放水做实验

69

【石蚕蛾幼虫】沙虫

——背负着捆柴做的家

※（别称：黄角薄翅石蚕蛾幼虫／*Limnephilus flavicornis*）

【毛翅目（石蚕类）薄翅石蚕蛾科薄翅石蚕蛾属／体长 14 ~ 26mm】

“沙虫”是石蚕蛾幼虫的名字，它生活在沼泽地带芦苇密集的水塘里。因为沙虫把芦苇碎片收集起来背在身上，所以法国普罗旺斯地区的人们又叫它“背柴虫”和“持杖虫”。沙虫用芦苇做的袋囊是一种可以移动的家，这个家做工非常简单，表面凹凸，很难看。房屋建材各种各样，包括长期沉在水底的小树根、稻秆、芦苇秆、小树枝、小木块、树皮、菖蒲的种子等。

幼虫用这些材料做出一个深深的竹篓，使用大颚上的锯齿，把小树根碎片锯断，锯成一段段细木条，然后把木条横着摆放在一起。这些细木条像捆柴一样高低不平，在水里很容易挂到水草上。幼虫接着对竹篓进行改造，接下来的是木匠活。幼虫收集来和稻秆差不多的粗木条，这些粗木条的长度相当于手指的宽度，材料齐全之后开始加工。幼虫把收集来的粗木条贴到竹篓上，贴的木条有横、有竖、也有斜。幼虫把粗木条修剪整齐，把凹凸部分填平。幼虫最初做的竹篓和之后的改造部分完全重叠在一起。

幼虫并不是一直住在这个里外两层的家里。幼虫长大之后就会住在粗木条做成的家里，小时候住的竹篓就扔掉了。如果需要，幼虫会接着收集粗木条，进行扩建。

沙虫的家一般都像捆柴，但有时沙虫也会

收集美丽的贝壳，修建漂亮的房屋。这样的家很像贝壳工艺品。有些捆柴的家镶嵌有贝壳。幼虫建房子的时候，手边有木条就用木条，有贝壳就用贝壳。使用贝壳的时候，沙虫用的是一种非常小的扁螺。沙虫把扁螺壳横着摆放在一起建造房屋。螺壳的细小螺纹排列在同一水平面上，看上去非常漂亮。有的时候，很小的螺壳旁边也会有很大的螺壳。

如果用的螺壳不大，沙虫也是手边有什么就用什么。例如泡螺、田螺、椎实螺、冈椎实螺，双壳贝类有豆满月蛤，沉入水底的陆地贝类有烟管螺、小蜗牛、冈田螺、东北沼螺。沙虫建房子不用沙粒和石子。

法布尔的实验

法布尔把三四只沙虫放入水杯中，同时给沙虫准备了建房子的材料。软的材料有水芹的细根（既是食物，也是建材），硬的材料有干燥的细木条（粗如金属扣针）。沙虫把水芹细根横着摆好，再用脚弄整齐。摆放细根的时候，沙虫会慢慢摇摆尾巴。细根交织在一起，很像一个吊床。沙虫又用几根细丝，把摆在一起的细根捆起来，作为制做袋囊的根基。沙虫身体靠着吊床，猛地向前伸开中足，中足比其他的脚长，像一个钉耙，可以够到远处的东西。沙虫用中足触摸细根根尖，一边摆弄一边测量长度，就像用尺子丈量长度一样。接下来，沙虫用剪刀般锋利的大颚把细根咬断，然后转身退回吊床。

沙虫的脚有三对，前足最短，但是非常灵巧。中足很长，可以够到远处的东西，还可以丈量尺寸。剪切东西的时候，中足可以支撑身体。

如果拿走沙虫的袋囊，让它赤身裸体，沙虫会很耐心地重新做袋囊。法布尔多次让沙虫赤身裸体，它每次都重新做袋囊。如果受到过度惊吓，沙虫会放弃袋囊。

法布尔的实验（原因）

法布尔把沙虫放进一个有十二只龙虱的水槽中，龙虱很快发现并开始攻击沙虫。龙虱抓住沙虫袋囊的中部，撕咬上面的贝壳和木条，想打开一个缺口。这时，沙虫爬到袋囊的出口，溜到外面，急忙藏了起来。龙虱只顾撕咬袋囊，没有注意到沙虫溜走。龙虱掀掉屋顶，掏出里面的东西，发现只剩一个空囊。此时，沙虫潜到水底，躲在石缝深处。在沼泽地带，沙虫可以用这种方法护身。一旦危险来临，沙虫就脱光衣服，跳出去藏起来。等危险过后，再回来重新做袋囊。但是，在水槽里，龙虱迟早会发现沙虫，并把它吃掉。

沙虫有很多种类，有一种沙虫把沙粒裹在

身上，住在河底。这种沙虫一直住在河底，不到水面上。收集捆柴和贝壳的沙虫会来到水面，漂浮在水面上，或者用桨在水里划行游玩。

在水面沉浮的装置

如果检查袋囊的后部，会发现袋囊顶端有一个开口，里面有薄膜。薄膜正中有一个圆洞，袋内墙壁覆盖着柔软的丝缎。沙虫屁股上有两个小钩，小钩挂在墙壁上，沙虫利用小钩进出袋囊。沙虫把六条腿伸到外面干活的时候，通过拉动小钩，可以自由进出袋囊。休息的时候，沙虫整个身体都在袋囊里，刚好卡在袋囊里。所以，当沙虫身体向外伸的时候，就像活塞一样，在身后留下空隙，让水流进来。通过这种方法，袋囊里的水始终都能保持新鲜。这种装置对沙虫呼吸至关重要。

浮出水面

沙虫沿着水草爬到水面，爬的时候背负着袋囊，非常辛苦。来到水面，沙虫屁股朝上，像活塞一样抖动。沙虫这样抖动，空气就会进入到袋囊里面的空隙。有了空气，袋囊变得跟气球一样，沙虫就可以浮在水面上了。自己可以漂浮之后，沙虫就松开了水草。就算能漂浮在水面上，沙虫也只能转转圈，变换几下位置而已。

回到沼泽湖底

如果挤压活塞，排出空气，让水流进来，沙虫的身体就会自动下沉。所以，沙虫从一开始就没有必要为浮出水面而选择较轻的建房材料，它可以利用活塞，空气进来就上浮，空气排出就下沉。

插画计划场景：

· 沙虫使用各种材料修建袋囊

· 水中做好的袋囊（各种式样）

· 受到龙虱攻击的沙虫

· 沙虫的运动及其原理

● 我常年在自然中观察昆虫，观察花草，我热爱它们。这本书集我研究之大成。
自然是我的画室。

★ 忍耐。

熊田千佳慕 Chikabo Kumada 年谱

熊田千佳慕本名熊田五郎。一九一一年（明治四十四年）出生于横滨市中区吉町一医生家庭，在家中男儿中排行第五。熊田家曾是福岛县二本松藩的御典医，父亲源太郎留过洋，是一名时尚的耳鼻科医生。熊田千佳慕幼年体弱多病，经常在院子里观察昆虫和花草打发时间。熊田千佳慕与这个“小小世界”的接触，以及小学时从父亲那儿听到的《法布尔昆虫记》，成为了他日后投身儿童画创作的起点。

一九二四年，熊田千佳慕进入神奈川县立工业学校图案科学习。在学习设计的时候，他开始倾心于超现实主义。后来，因为仰慕前卫的金属工艺家高村丰周，一九二九年，熊田千佳慕进入东京美术学校（现东京艺术大学）铸造科学习。

一九三四年，在美术学校学习期间，熊田千佳慕师从长兄的朋友山名文夫，进入日本工房工作。熊田千佳慕和同事土门拳一起从事画面设计创作，设计制作了许多面向欧美的画报、杂志和企业的宣传画、手册等。一九三九年，熊田千佳慕因身体不适，离开了日本工房。在家静养了一段时间之后，熊田千佳慕进入日本写真工艺社，在此遇到了终身伴侣松浦杉子，两人于一九四五年结婚。短短八天后，横滨遭遇大空袭，熊田千佳慕死里逃生，而他的父亲却死于非命。熊田千佳慕的父亲多年来一直在生活上支援他。

虽然维持生活的现实摆在了熊田千佳慕面前，但是他还是毅然辞去设计师的稳定工作，下定决心投身绘本世界，这是他少年时代就热爱的世界。当时，碰巧山名文夫给了他一支铅笔，同时，熊田千佳慕在逃难的住处发现了勒福兰水彩画颜料。那时没有橡皮，所以画草图不容许失败。颜料很少，只能用笔一点点沾着画。这样的绘画方法就像点描，需要一笔一笔去完成，是一种非常独特的技法。这一技法使神奇的袖珍工笔画成为可能。熊田千佳慕完成一幅画作，需要花费大量时间，这导致他生活困难。但是，他坚持自己的信念，继续绘画创作，终于成为著名的绘本画家。

一九八一年，熊田千佳慕七十岁时，他绘制的《法布尔昆虫记》作品入选意大利的博洛尼亚国际绘本原画展，顿时获得社会各界好评。一九八三年，《法布尔昆虫记》作品再次入选博洛尼亚国际绘本原画展。现在，小学馆已经出版了熊田千佳慕五卷本的《法布尔昆虫记》绘本。

一九八九年，七卷本的《*Kumada Chikabo's Little World*》荣获“小学馆绘画奖”，这一作品集是熊田千佳慕的集大成之作。一九九一年，熊田千佳慕荣获“横滨市文化奖”，一九九六年，又荣获“神奈川县文化奖”。

二〇〇九年八月，为纪念熊田千佳慕寿辰，在东京银座松屋举办了“小法布尔——熊田千佳慕展”。展览第二天的八月十三日凌晨，熊田千佳慕因误食性肺炎在家中病逝。

出典目录

本书中的袖珍工笔画作品以及说明文字均出自《法布尔昆虫记的昆虫》第一卷～第四卷（熊田千佳慕，小学馆，一九九八年）

《法布尔昆虫记的昆虫》第五卷（熊田千佳慕，小学馆，二〇〇八年）

参考文献

青少年版《法布尔昆虫记》一、二（中村浩译，茜草书房，一九五八年）

青少年版《法布尔昆虫记》三、四、五、七（中村浩译，茜草书房，一九六七年）

青少年版《法布尔昆虫记》一、三、四、六（古川晴男译，偕成社，一九六八年）

全译本《法布尔昆虫记》第一卷～第八卷上（奥本大三郎译，集英社，二〇〇五年～二〇一〇年）

- 小さい人たちのために。
- ファーブル昆虫記への最初のかけはし的な役割をするもの。
- 自然へのおどろき（感動）に目をむけさせるためのもの。
- 小さな虫たちへの愛のめざめに。

ファーブル昆虫記の視覚化（絵画化）

即ち 絵本 ファーブル昆虫記 となる。

オサムシ
キンイロオサムシ
Carabus auratus　　ケムシ退治

オサムシは木のぼりがヘタだ。
タチジャコウソウの上の10cm位にあいるものもダメ。

✗カタツムリは苦手。

✗ハナムグリ ｝そのままでは ダメ。
✗カワカミルリハムシ ｝ハネをとるとかじりだす。

●コフキコガネ ｝はねと胸はねとのあいだに少しスキマが
●カミキリムシ ｝あるので、ハネをもちあげて、くいつく。

カタツムリは肺から空気をだして カラダのネバネバとまであったアブクをだす。このアブクが苦手。
肺のそばのカラをすこしかきとると、そのかけたところへ5.6匹でとびつく。カラの上でくいつく場所をさがしている。最もいいところにかじりついたのが肉をくいちぎれる。

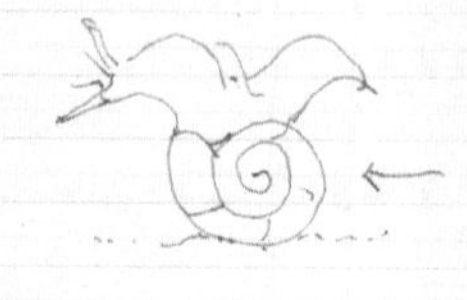

カタツムリをさかさにしておくと、ツバついくとアワをだすの一匹もちかづかないことがわかった。

オサムシの天敵。 キツネ。ヒキガエル。
ヒキガエルのフンはアリのアタマのソーセージの膓もある。
このフンの中にオサムシのハネがはいっている。

オサムシのともぐい。結婚が終わると、メスがオスをたべる。
メスはオスより少し大きい。オスは抵抗もしないでたべられ

野外のオサムシは、たいてい一人ずまいである。

特長　日本にいるなかまではマークオサムシにやや近いが、ハネに3本の太いスジがあるところがちがっている。

マツノギョウレツケムシ（オビガの一種の幼虫。日本のオビガの幼虫は行列をつくらない。）が土の中にもぐってサナギになるため木からおりてくる。（4月頃）

● オサムシは大好物でおそいかかり、ちぎってたべつくす。

● 時々、エモノのとりあいがある。エモノをもってかくれがにもどる途中、
考　なかまと出会うと、ナカマは追いはぎになる。
2・3びきがとびかかってエサをとろうとする。

✕ ハリネズミモドキ（ヒトリガの幼虫）は苦手で、なかなか近づけない。一ぴきでは。
3、4匹だとかみつくことができる。

✕ クジャクサン　スズメガの幼虫のように大きなものはダメ。（投げとばされる）
クジャクサの成虫もダメ。

● 雨の日地下からでてくるミミズも大好物。（長さ40cm　太さ小ユビほど）
ヨーロッパでフツウにみられる大型ミミズは日本のシマミミズ
ににたもの。日本の大型のフトミミズは全くちがうなかま。

● ミミズに5、6匹のオサムシ。くいついたらはなさない。
オナジエモノを大勢でたべているときは、あらそいはないが、それが小さくちぎれるとたちまちそれをもってにげだし、かくれがにもっていく。

キンイロオサムシは庭の番人

チョウやガの幼虫。ナメクジをみつけしだいたべてくれる。花の咲いた花だんのよいみはり役です。

冬をこすメス　10月になると生きのこったメスは土の中にもぐりこむ。
11月雪がふるころ　かくれがの中でねむっている
春に産卵する。

場面

エモノのトリアイ。
① オサムシが毛虫をおそう。
② オサムシとミミズ。
③ オサムシの苦手。
④ オサムシの天敵
⑤ 冬ごし　サンラン

ツリアブ。

- ユキゲホシツリアブ。
- カベヌリハナバチ。

7月になるとカベヌリハナバチの幼虫はミツと花粉ダンゴをたべて太る。そして、アブラギッたからだをマユにつつんでねむる。
このハチの巣には、非常にあつい、どろのカベがあるが、敵はうまくもぐりこむ。そして幼虫をたべる。
このわるい虫は、ユキゲホシツリアブ。の幼虫。
他の一つはオオシリアゲコバチの幼虫。
幼虫の腹にウジが一匹ついていれば、ツリアブの幼虫。
幼虫の腹に20匹以上の幼虫がいるときは、このシリアゲコバチ
この幼虫はハダカでスベスベしているハエ類のウジだから足も目もない。色ークリームがかった白。カラダおくの字にまげてい

- ツリアブの幼虫とサナギ（ビロウドツリアブの幼虫ダガユキゲホシツリアブとほとんどちがっていない。）

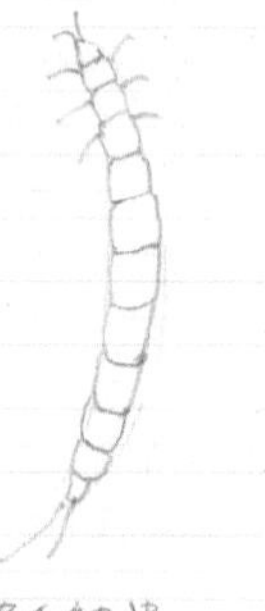

ワカイ幼虫

年とった幼虫

さなぎ

○カベヌリハナバチの古巣多い。
○ツリアブの幼虫⟷サナギ
○サナギからとびたつツリアブ

ヌリハナバチ

ツリアブ

ロヲツッコンデ…シマウ。

★サナギ（つづき）

外へでる穴があくと、サナギはまず頭と胸を外に出す。そして、せまいトンネルの口にからだをささえて、いつでも空へとびたてるように体力をととのえる。
やがて、サナギのアタマの上に横にさけめができ、つぎにタテにさける。アタマからムネ十文字にさけると、オヤ虫がまだヌレている状態で、でてくる。まもなくヨヨがかわくとサナギのヌケガラを入口にのこして、とびたっていく。

・川原の石の上に巣をつくる。石切場からこまかい石灰岩の粉を
かきあつめて、ツバでこねる。石の土台の上に巣をつくる。
外からみるとコンクリートでつくった丸ヤネのようにみえる。

・土台の石をヨコから2、3度かたいものでコツンコツンとたたくと
巣はそっくりはなれる。そのマルヤネをひっくりかえすと底の方に
ハスの実のように穴がいくつもあいている。この穴がハチの
子どもべやになる。へやの中には、タマネギの皮のような、なかば
すきとおったマユがある。まるでうすいこはく色の絹でつくられた
よう。
へやのさかいのうすいマクをはさみできると、二つの幼虫が一つの
マユにはいっているのをみつけた。
一つの幼虫は、色があせている　カベヌリハナバチ。
もう一つの幼虫は、生き生きしている。　又別のマユには、しなびた幼虫
がはいっていて　そのまわりを何匹かのウジがムクムクはいまわっていた。

ユキゲホシツリアブの幼虫。

自分のエサになるカベヌリハナバチの幼虫にすばやくくいついたり又
はなれたりしている。このたべ方は一寸他幼虫にはみられないこと。
この幼虫の口はものをすいこむようになっている（すいこみ穴）口である。
ヌリハナバチの幼虫は、中身をすいこまれているので、みるみるうちに
ひからびてちぢんでしまう。
この幼虫（ツリアブ）すいかたは、穴をあけずに皮をとおして、なかみを
すいだしてしまう。

★サナギ　　このさナギは、（他のサナギはマユにくるまってじっとしている）
じっとしていないで、脱出のための仕事をする。幼虫は7月のあいだに、
15日ぐらいでハチの幼虫をたべてしまう。しぼんだ幼虫のそばで、来年の春
まで休む。5月になって、脱皮して、茶色をしたサナギになる。（図のような形）
5月の末頃美しい黒色にかわる。その頃から出口をつくりだす。
弓なりにカラダをまげとびあがるときには、いきなりぴんとまっすぐになり頭の
武器をグンとうちつける。何回かこれをくりかえし、ズイに穴をあける。

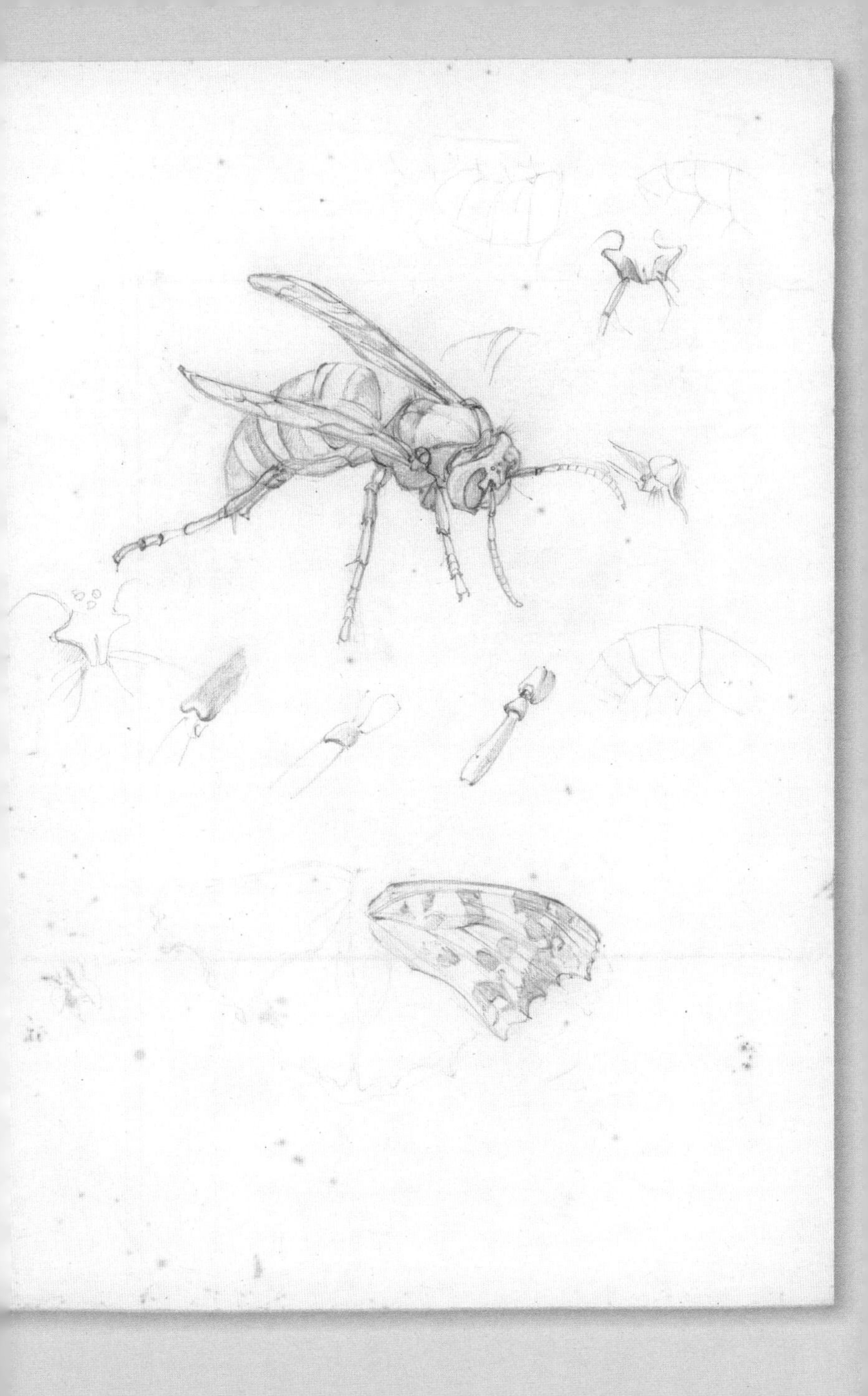

No.

Date

1699 Juncus effusus • wet pastures All Eur
JUNE – SEPTEMBAR

Globularia vulgaris L.
FRANCE APR – JUNE
• dry grassy places.
• stony ground.

Cirsium vulgare Tenore.
セイヨウ オニアザミ。(アメリカオニアザ
ヒレアザミのなかま。

Papaver dubium L. (Papaveraceae ケシ科.
ナガミノヒナゲシ ヨーロッパ原産.

上記の2種は江東区の野草 700円(千200)による。

No.

Date

wet pastures	シメッタ 牧草地
bog	沼地。湿地。泥沼。
damp	湿気のある。しめっぽい。
cultivated	耕された。栽培地。洗練。教養。
meadow	草地。牧草地。川辺の低い草地。
marshes	沼地。湿地。
heaths	荒野においしげる灌木。 ヒースの茂った荒野(特に英国の)
pastures	牧草地。
hedge	生垣。まがき。
bushy	灌木の茂った。
place	場所。土地。
thickets	茂み。やぶ。
rocky	岩の。岩石の多い。岩石からなる。

No.
Date

- すずめのかたびら。 Poa annua L. all the year round ALL EUR
~~all~~ annual meadow grass.
一年性

- ながはぐさ。 Poa pratensis
meadows. pastures.
草地 牧草地 牧草
May – Aug 5–8 ALL EUR

- おおすずめがやの一種 Eragrostis ~~cilindrica~~ cilianensis
日本にはない。(ヨーロッパ産)
JUN – OCT MED EUR

- からすむぎ(ヨーロッパ) Avena sterilis L.
(1765) P.180 MED EUR MAY – JULY
Cultivated and waste places.

- からすむぎ 1765 Avena fatua L.
Widespread in Eur
(HABIKORO)

- ぎょうぎしば Cynodon Dactylon L.
JULY – SEPT mach Europa.

- のげし(はるののげし) SONCHUS asper
1539
ALL EUROPE MAY – SEPT

- のげし(ヨーロッパ) SONCHUS arvensis L
1538
ALL EUR JUNE – SEPT

No

Date

1535 TARAXACUM officinale. Dandelion
タンポポ(洋種)
weber Dandelion ALL EUR MAY — NOV

640 B and W Oxalis corniculata
カタバミ PROCUMBENT YELLOW SORREI
MED EUR S.-E EUR
APR — OCT
Cultivated ground. Wayside.
TAGAYAKASARETA MICHIBATA.

ホワイトクローバー TRIFOLIUM clover. Trefail

TRIFOLIUM REPENS L.
(white or dutch clover)
MAY — OCT ALL EUR

エノコログサ SETARIA green bristle-grass

Setaria viridis L. cultivated ground
sanday place

JUNE — OCT ALL EUR

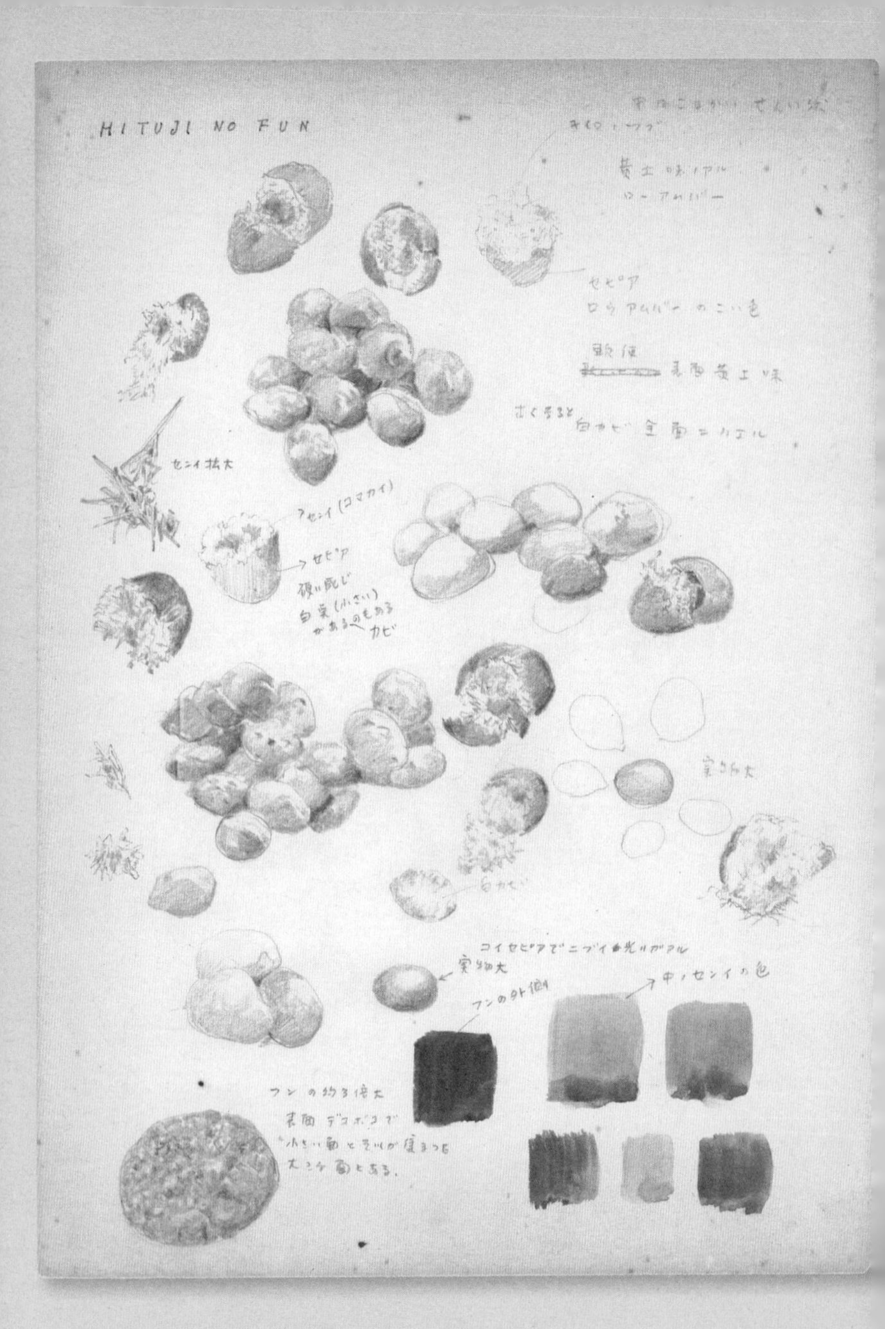
HITUJI NO FUN
黄土味アル
ローアンバー
セピア
ロウアンバーのこい色
黄土味
白カビ全面ニカビル
センイ拡大
アセンイ（コマカイ）
セピア
カビ
白カビ
実物大
コイセピアでニブイ光リガアル
中ノセンイの色
フンの外側
フンの約3倍大
表面デコボコで
大きな面とある。